练好套路成高手

Excel

商务应用实战精粹

张剑悦 编著

电子工业出版社
Publishing House of Electronics Industry
北京•BEIJING

内 容 简 介

Excel 是几乎所有职场办公人士都会用到的工具软件，其特点是上手容易、精通难。很多人感觉用了很久之后，一直没什么长进，经常遇到问题，而且只能求助朋友或互联网。是什么导致大家在学习和应用 Excel 时存在瓶颈呢？是套路。这里说的套路其实就是应用理念和规律。掌握了解决问题的思路后，才能用好、用活 Excel，让它真正成为职场办公利器！

Excel 的应用非常广泛，套路很深。若不掌握这些套路，直接依据他人的指引进行操作，往往会导致一个问题能解决，出现新问题还是束手无策的尴尬。本书从解决实际问题的角度出发，通过剖析大量实际案例，解读各类问题的解决思路，教会大家应用 Excel 的套路，从而踏上通往高手之路。来吧，不论你是经常需要与数据打交道的职场人士，还是对 Excel 应用感兴趣的爱好者，这里都有你需要的内容。全是套路！

图书在版编目（CIP）数据

练好套路成高手：Excel商务应用实战精粹 / 张剑悦编著.—北京：电子工业出版社，2017.7
ISBN 978-7-121-31557-2

Ⅰ.①练… Ⅱ.①张… Ⅲ.①表处理软件 Ⅳ.①TP391.13

中国版本图书馆CIP数据核字(2017)第108320号

策划编辑：牛 勇
责任编辑：李利健
印　　刷：中国电影出版社印刷厂
装　　订：中国电影出版社印刷厂
出版发行：电子工业出版社
　　　　　北京市海淀区万寿路 173 信箱　邮编：100036
开　　本：720×1000　1/16　印张：16.25　字数：375 千字
版　　次：2017 年 7 月第 1 版
印　　次：2020 年 4 月第 5 次印刷
定　　价：59.80 元

凡所购买电子工业出版社图书有缺损问题，请向购买书店调换。若书店售缺，请与本社发行部联系，联系及邮购电话：（010）88254888，88258888。
质量投诉请发邮件至 zlts@phei.com.cn，盗版侵权举报请发邮件至 dbqq@phei.com.cn。
本书咨询联系方式：010-51260888-819，faq@phei.com.cn。

大家在工作中碰到了Excel问题怎么解决？

什么？百度？

那你呢？你也是百度？

……

这是笔者在从事培训之初碰到的最多回答。没错，大家的习惯就是有什么不知道的就去搜索。但是问题来了，百度上能搜到函数说明或是某个功能解释，可怎么搜索都很难找到解决实际问题的思路。没有这些思路，下次碰到类似的其他问题时，照样还是解决不了。

怎么破？

当然是不仅要学习函数和操作步骤，更要了解问题的解决思路和应用规律。当我们掌握了应用规律后，相关的问题才能自如应对。

说到这里，让笔者想到了在美好的少年时代做过的那些数学应用题，例如：一列火车以某速度从甲地开往乙地，另一列火车又以某速度从乙地开往甲地，已知甲乙两地之间的距离，请问何时相遇。这类问题是不是到后来只需要看一眼，都不用等看完题，就已经开始在答题位置写"解"和"答"了？而且，是不是一边写答案，一边在心里说：套路，都是套路……

没错，套路！只有掌握了这些套路，才能快速应对这类常见问题。

同样，Excel操作也有它自己的套路。当我们拿着Excel问题向那些"大神"咨询时，"大神"无须多看，只需余光一瞥，便给出一堆函数或代码。在我们惊诧"大神"高超的Excel水平的同时，是不是也应该明白，我们和"大神"之间的差距到底是什么了吧。

套路，当然就是这些套路。

作　者

目录

第2部分 Excel数据运算

第3部分 Excel数据分析

第1部分
Excel数据管理

在使用 Excel 时，对数据的管理是所有应用的基础，若在数据管理环节出了问题，那么再想对这些数据进行运算和分析就是一件很难的事。同样的数据采用不同的管理方法，会导致在后续的数据运算和分析方法上大相径庭。

如果基础数据表的管理存在问题，该如何调整？在这一部分，我们就来看看数据管理的那些套路吧。

第1章

基础数据表管理问题

Excel最基本的单位是工作表，最小的操作和运算单位是单元格，所以对表和单元格的管理至关重要。在本章，让我们先来看看什么才是好的基础数据表的管理，在后面的内容中再探讨关于单元格的管理。

1.1 合并是基础数据表的"死敌"

大家要看清标题，笔者可不是"语不惊人死不休"的标题党，这里说的可是"合并是基础数据表的死敌"。基础数据意味着原始信息，可以理解成从后台或数据库导出到Excel时的数据。

	A	B	C	D	E
1	订单ID	销售地区	总价	运货费	订购日期
2	NJ10259	南京	¥20.80	¥3.25	2010-7-27
3	HZ10252	杭州	¥50.00	¥51.30	2010-7-18
4	TJ16254	天津	¥54.00	¥22.98	2010-7-20
5	SH10262	上海	¥60.80	¥48.29	2010-7-31
6	ZZ10250	郑州	¥77.00	¥65.83	2010-7-17
7	ZZ10257	郑州	¥86.40	¥81.91	2010-7-25
8	XA102408	西安	¥98.00	¥32.38	2010-7-13
9	ZZ103263	郑州	¥100.80	¥146.06	2010-8-1
10	BJ100260	北京	¥123.20	¥55.09	2010-7-28
11	NC10256	南昌	¥124.80	¥13.97	2010-7-24
12	TY10288	太原	¥153.60	¥140.51	2010-7-26
13	ZZ10258	郑州	¥156.00	¥81.91	2010-7-25
14	BJ102449	北京	¥167.40	¥11.61	2010-7-14
15					

每行是完整的一条记录　　　每列都是一个字段

图1-1

通常，基础数据都是把数据一列一列做成字段表，如图1-1所示，每列都是一个字段，每行中所有的列内容就构成了一条记录信息。

这样的数据表既可以把数据记录完整，又能够做排序、筛选，甚至是尽数据透视分析之能事，是基础数据表应该采用的形式。

可往往事与愿违，在很多学员咨询问题时，往往让人看到了最不想看到的情形：基础数据表中有合并的单元格，不是大标题合并，就是在数据表中有合并。究其原因，美其名曰，归类清晰……如图1–2所示，看看眼熟吗？你是否也这么干过？

图1–2是数据内容合并的表，再看看图1–3，这是一个标题合并的表，也是一种常见的合并效果。

营业额统计

						2016-12-8
编号	工作证号	部门	姓名	性别	年龄	销售额
0001	BJX142	开发部	王继锋	男	24	¥7,888
0002	BJX608		齐晓鹏	男	31	¥7,777
0003	BJX134		王晶晶	女	28	¥1,200
0004	BJX767	市场部	付祖荣	男	25	¥2,300
0005	BJX768		杨丹妍	女	27	¥1,400
0006	BJX234	测试部	陶春光	男	29	¥1,800
0007	BJX237		张秀双	男	37	¥2,200
0008	BJX238		刘炳光	男	27	¥1,900

图1-2

	A	B	C	D	E	F	G	H
1	序号	员工编号	基本信息			人员类别代号	学分情况	
2			姓名	所在部门	三级岗位		差学分	已得学分
3	1	8023880	王丹萍	DCPW推进科	班组管理	2	5	0
4	2	8023172	胡红英	DCPW推进科	方针管理	2	4	2
5	3	8023776	王立静	DCPW推进科	方针管理	2	2.8	3.2
6	4	8146797	陈莉	DCPW推进科	方针管理	2	5	0
7	5	8023661	张昆	DCPW推进科	工业工程技术	3	3.8	1.2
8	6	8013871	张和平	DCPW推进科	工业工程技术	3	4.2	0.8
9	7	8023775	王斌	DCPW推进科	工业工程技术	3	6	0
10	8	8023572	李恩旭	DCPW推进科	科长	1	6	2
11	9	8023359	胡家彪	KD车间	党支部书记兼副主任	1	6	2
12	10	8024040	薛涛	KD车间	副主任	1	6.8	1.2
13	11	8023954	陶虹	KD车间	经济核算员	2	1.8	3.2
14	12	8023748	姜国海	KD车间	生产调度	2	3.8	1.2
15	13	8023832	魏建杰	KD车间	生产调度	2	5.2	0.8
16	14	8023888	李俊黎	KD车间	生产调度	2	4.2	0.8
17	15	8024109	左清云	KD车间	生产统计员	2	3	2
18	16	8023974	王卫利	KD车间	生产作业计划	2	4.2	0.8
19	17	8023876	孙军	KD车间	现场安全管理	2	3.8	1.2
20	18	8023265	王祺	KD车间	主任	1	5.2	2.8

图1-3

还有就是给竖排表头合并的，如图1–4所示。

资产评估表

编制单位：　　　　　　　　　　　　＿＿年＿＿月＿＿日　　　　　　单位：万元

资　　产		行次	年初数	期末数	资　　产	行次	年初数	期末数
流动资产	货币资金	1	¥155.00	¥130.00	短期借款	31		
	短期投资	2	¥50.00	¥30.00	应付帐款	32		
	应收帐款	3	¥80.00	¥200.00	其他应付款	33		
	减：坏帐准备	4	¥30.00	¥50.00	应付工资	34		
	应收帐款净额	5	¥50.00	¥150.00	应付福利费	35		
	其他应收款	6	(¥20.00)		未交税金	36		
	存货	7	(¥500.00)		未付利润	37		
	待摊费用	8			其他未交款	38		
	待处理流动资产净损失	9			预提费用	39		
	一年内到期的长期债券投资	10			一年内到期的长期负债	40		
	其他流动资产	11			其他流动负债	41		

图1-4

见过这些千奇百怪的合并表吗？其实，图1–2和图1–4的数据表作为打印表和结果表是一点问题都没有的，但作为存放信息的基础数据表就完全不能用了。这种表有个特点，就是既不能对数据进行排序，也没法对信息进行筛选。想想看，这些表连最基本的数据分析都无法操作，当然就只能用于打印或直接查看结果了。隐约记得办公室饮水机旁边的墙上贴着这种表……

图1-3貌似和字段表差不多，但仔细看便看到标题行占了两行，有两个标题进行了合并，下面把标题再细分了小标题。这种表要想进行排序和筛选或是透视表分析，需要人为进行选区，若选区不当，包含了合并部分，就不能做筛选等数据分析的应用。

 Excel是用来运算和分析的，所以制作存放数据表的套路就是将数据表制作成字段表时一定要注意基础数据表不能合并。

1.2 合并的数据表该如何调整成字段表

营业额统计

						2016-12-8
编号	工作证号	部门	姓名	性别	年龄	销售额
0001	BJX142	开发部	王继锋	男	24	¥7,888
0002	BJX608		齐晓鹏	男	31	¥7,777
0003	BJX134		王晶晶	女	28	¥1,200
0004	BJX767	市场部	付祖荣	男	25	¥2,300
0005	BJX768		杨丹妍	女	27	¥1,400
0006	BJX234	测试部	陶春光	男	29	¥1,800
0007	BJX237		张秀双	男	37	¥2,200
0008	BJX238		刘炳光	男	27	¥1,900

图1-5

既然知道了什么是好的数据管理表，那么一旦碰到了合并的数据表，就应该把它快速进行调整，还原成便于数据分析的字段信息表。

下面我们来看看如图1-5所示的表该如何进行调整。

看到这个表，你可千万别说不就是把合并的单元格先解散，然后用鼠标将数据拖下来复制完整吗？这种方法肯定是"弱爆"了，因为一旦数据量大，这种方法恐怕就是一个灾难。

 解决这个表的问题需要用到两个技巧，一个是如何快速选中要填写的单元格，另一个是如何快速把部门信息填满。找到信息填写的规律是解决这个问题成败的关键。

有了思路后来看看操作。

❶ 先选中表中所有合并的部门信息，然后单击"开始"工具栏中的"合并后居中"命令，将所有的合并效果都还原成独立的单元格。解散合并后，原来的部门信息会出现在每个区域的第一个单元格中。

❷ 解散合并后，只要把当前的空单元格填上上面的信息就可以大功告成。在部门信息全选的状态下，选择"开始"工具栏右上角"查找和选择"列表下的"定位条件"命令，如图1-6所示。

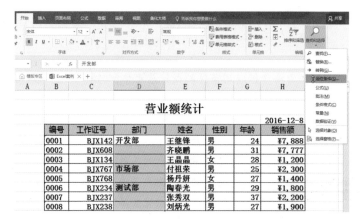

图1-6

❸ 打开"定位条件"对话框后，选择左侧的"空值"选项，如图1-7所示。

❹ 单击"确定"按钮后，便可自动将当前的空单元格全部选中。下面要考虑的就是如何将信息快速填满，大家看看能不能找到规律？其实规律很容易看到，就是让下面的每一个空格都填写上面单元格的信息。在当前活动单元格中输入"="，然后用鼠标单击它上面已有信息"开发部"所在的D5单元格，公式将自动产生，如图1-8所示。

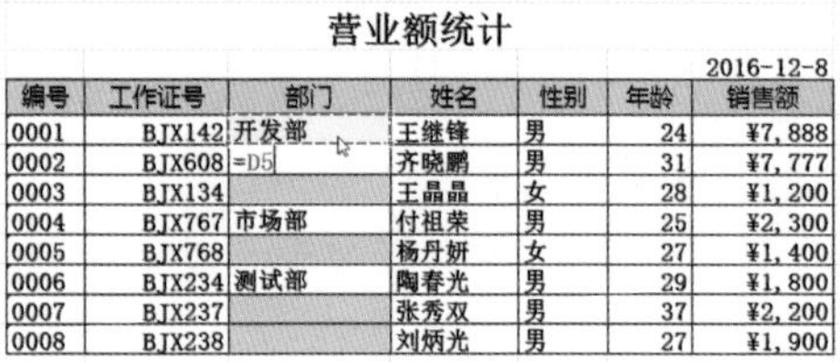

图1-7

❺ 输入公式完成后，关键是确定这个公式，我们要用Ctrl+Enter组合键来确定，这样就可以把"等于上一个格"的这个公式快速复制到下面每一个选中的空格中，结果如图1-9所示。

图1-8

❻ 最后用选择性粘贴"数值"的方式把整个"部门"字段复制/粘贴一下，让信息恢复成能够排序和筛选的"文本"内容。

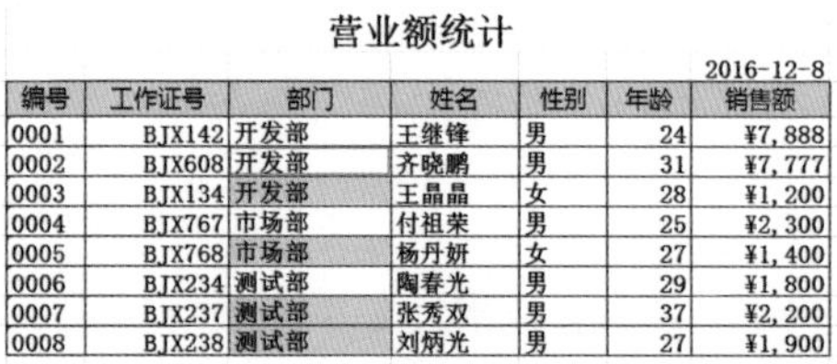

图1-9

1.3 功能拓展：在数据信息表中把空单元格填写为数字"0"

定位功能可以根据需要选择满足条件的成批单元格，只要在选中的一批单元格中做任何操作，都将是成批的应用。因此，极大地提高了工作效率。有了这个思路，就可以解决 Excel 中很多类似的问题。

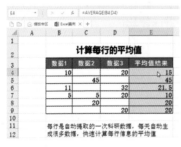

图1-10

在利用 Excel 做运算和分析时，"0"值和"空值"是完全不同的两个概念。"0"值是可以运算的信息，而"空值"则表示没有，因此，对于运算和分析的结果而言，二者完全不同。

例如：把图 1-10 中的"空单元格"改成"0"值。可以看出，虽然在计算平均值时已经包含了数据 2 所在的 C2 单元格，但是由于 C2 单元格中是空的。因此，平均值的计算结果依然是错误的。

只要运用前面所讲的套路，在这个案例中，把所有的空单元格都填充为"0"值，大家是不是应该已经想到方法了？

没错，就是把当前的数据表中按照"空值"定位，然后在自动选择的所有空单元格中用键盘输入"0"，最后用 Ctrl+Enter 组合键确定即可，结果如图 1-11 所示。

有了定位功能后，只要你脑洞大开，就可以利用它的选择功能快速选择符合条件的所有单元格，然后整体

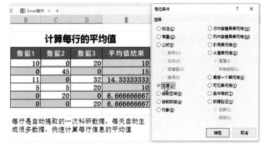

图1-11

批量进行操作。例如：利用定位"公式"功能标记或删除表中的所有公式和函数值；利用"批注"功能快速清除表中所有的"批注"信息；利用"对象"功能，快速统一调整表中的"图片"或"图形"大小……

1.4 如何将字段信息合并在一个单元格内

在管理数据信息时，大家见是否过像图 1-12 这样来管理数据的？这个表的特点就是把地址和邮编信息都放在了一个单元格中。

问其原因，何故把信息放于同一格中？答曰，看着方便。

殊不知，这样的表连最基本的筛选数据都无法完成，更不用说做统计和其他分析，

所以这是管理数据的大忌。细分的字段表才是管理数据表的好方法，越是海量数据，就越要把信息细分，今后才能快速精准地检索和筛选。正所谓：一言不合，就给你拆散！

解决这个表的问题就是要根据信息的特点把文本进行拆分，拆分文本信息时首先要找规律，有两种情况是很容易把文本信息拆分的，一种是看看有没有固定的分隔字符，另一种就是看有没有固定的文本长度（也就是固定的字符个数）。

图1-12

把这个表的文本信息拆分成两个字段，要用到"数据"工具栏中的"分列"命令。操作虽然非常简单，但是有很多应用经验。

❶ 选中整列数据，然后选择"数据"工具栏中的"分列"命令，打开"文本分列向导"对话框后有两个选项，一个是默认选中的"分隔符号"，另一个是"固定宽度"。由于本例的文本信息中间有一个空格，所以就用默认的"分隔符号"，直接单击下方的"下一步"按钮，进入向导第二步。

❷ 向导的第二步是确定用什么符号作为分隔文本的符号，本例中地址和邮编之间是空格，所以只需直接选择左侧的"空格"选项，即可在下方预览框中看到原来的空格被替换成了一条黑色的分隔线，如图1-13所示。

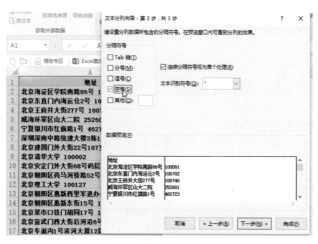

图1-13

❸ 单击"下一步"按钮进入向导的最后一步，在这里要指定拆分文本后每一列信息的格式，本例中一定要把邮编信息指定成"文本"（见图1-14），否则按照默认的"常规"类型来安排邮编，会导致"0"开头的邮编丢掉前面的"0"，使信息不完整。

❹ 单击"完成"按钮后，可以看到数据表中邮编信息已经单独存放在了B列中，只需将标题添加完整，一个规范的数据字段表就调整完成了，如图1-15所示。

图1-14

图1-15

大家可能注意到了，在"分列"向导对话框第二步选择分隔符时，在最下面有一个"其他"选项框，利用"其他"选项的输入框可以输入要拆分文本中任意的固定字符，让它成为拆分文本的分隔字符，将两边的文字拆分成多列。笔者曾经用"市"这个字把每个不同城市和地址分开过，还用过"–"把电话号码中的"区号"和"总机号码"分开过……大家自行补脑画面吧。

1.5 功能拓展：借助提取函数快速提取无分隔符数据

刚才的例子虽然大功告成了，但是还不能高兴得太早，估计我不说也有人会追问，要是地址和邮编之间没有空格，还能不能将文本拆分成两列呢？

答案是：不能！

但是，可以用文本"提取"的方式来完成。

还是这个例子，只是中间的空格没有了，如图1-16所示。

图1-16

一旦文本中间没有空格，就意味着分列中的"分隔符"功能用不了，而且由于前面地址的长度也不相同，"固定宽度"功能也用不上，所以这样就把用"分列"功能来拆分数据的方法完全排除在外了。

找规律是解决问题的关键，这个例子中看似没有空格，地址长度又不一致，好像没有规律。但仔细看看，有没有发现邮编是统一的6位字符，这其实就是规律。邮编既然是固定的6位，每行的地址字符位数只要用总字符位数减去邮编的6位便可获知。最后，再用个简单的文本提取函数，便可分别提取各自的信息。

常用的文本提取函数有3种，从最左边提取用"left"函数，从中间提取用"mid"函数，从最右侧提取用"right"函数。本例中，应该分别用"left"提取最左侧的地址信息，用"right"提取最右侧的邮编信息。在提取左侧的地址信息时，需要用到"LEN"函数嵌套，计算的结果如图1-17和图1-18所示。

图1-17

函数说明

LEFT 函数有两个参数，第一个是待提取的文本，第二个则是需要提取几位信息。本例中的第二个参数在计算提取多少位时，用了 LEN 函数嵌套计算。LEN 函数的作用是计算单元格内的字符总数，用字符总数减去邮编的 6 位，就是每个单元格中地址的文本位数了。

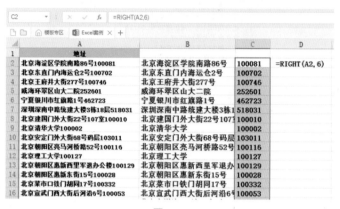

图1-18

 函数说明

计算邮编的函数非常简单，只需用 RIGHT 函数直接从右侧把邮编的 6 位进行提取即可。

 操作提示

有了文本提取函数后，只要文本信息具有规律性，就可以将文本中的一部分直接提取出来单独使用。最典型的用文本提取解决的实际问题就是从"身份证号码"中提取户籍、出生日期和性别等信息。有关这部分内容，请参看本书第 2 章中解决身份证信息相关问题的介绍。

1.6 二维表如何调整为字段表

那些没有经验的"表弟""表妹"们，还有一个容易犯的错误就是把数据表做成"二维表"。

什么？你不知道什么是"二维表"？顾名思义，二维表就是有两个标题的维度，既有上方的列标题，又有左侧的行标题，想了解数据内容，要上看看，再左看看，交叉标题就是完整的数据内容，还不明白就看看图1-19，该图左侧就是将信息以二维表的方式来存储管理的，而右边是以字段表的方式来存储和管理的。

	A	B	C	D	E	F	G	H	I	J	K
1		北京	广州	上海	杭州	深圳	南京		字段表		
2	BTK-20	523000	16000	122000	322000	136000	356000		销售地区	产品名称	销货收入
3	CH-1	190600	179500	32500	315000	71500	24500		北京	CH-1	60000
4	DV-700	126000	74300	436000	80500	124500	30000		北京	PY-10	1050000
5	HP-200	90000	1179000	120000	40200	53600	313700		北京	PY-10	146400
6	NK-5	536400	191400	648800	1107000	128800	24150		广州	HP-200	984000
7	PY-10	1221900	629800	470200	4400	25500	76500		北京	NK-5	290400
8	DV-09	57000	32000	30600	119000	30000	208600		上海	PY-10	317200
9	JD4500	90000	36000	80500	74600	26800	30000		广州	PY-10	234600
10									上海	NK-5	520000
11				二维表					广州	NK-5	146400
12									杭州	NK-5	1107000
13									上海	DV-700	26400
14									上海	DV-700	195200
15									上海	DV-700	50000
16									广州	DV-700	26800
17									北京	JD4500	90000

图1-19

为何说把基础数据做成二维表是一个错误？那是因为二维表看似可以横向求和，纵向求和，并能方便地横纵对比数据，但是二维表不能像字段表那样方便地做数据透视，也不能看出多级分类结果。因此，二维表也是一种结果表，当需要时可利用数据透视表功能将字段表转化成二维表。

把二维表更改成字段表可以借助 Excel 数据透视表的逆向追索数据功能。数据透视表是利用字段表生成的数据分析表，透视表有一个功能就是可以利用汇总数据值生成数据表，借助这个可以生成数据表的特性便可以将原始字段表制作出来。

要实现这个神奇的数据逆向追索功能，必须记住一组快捷键，利用这组快捷键才能打开数据透视表的向导对话框，由此开启神奇的逆向追索数据之路，听着是不是像"芝麻，开门"。没错，的确就是这么好玩。

❶ 将光标随意放置在"二维表"的任意一个单元格，然后在键盘上依次按下Alt、D和P三个键。注意是依次单击，便会弹出"数据透视表和数据透视图向导"对话框，选择"多重合并计算数据区域"命令，如图1-20所示。

图1-20

❷ 单击"下一步"按钮后进入向导第二步，用默认的"创建单页字段"，再单击"下一步"按钮进入向导第三步。这一步是让我们选择二维表的数据区域，利用上方的"选择"按钮将二维表选中后单击"添加"按钮，将二维表的地址添加到下方的区域中，如图1-21所示。

图1-21

❸ 只要选择好数据表，后面的操作全用默认设置，直接单击"完成"按钮后便会在原始表旁边自动创建一张新的Sheet表，这个表便是一个数据透视表。仔细看生成的表是不是和原始的二维表很像？由于是透视表，所以会在右侧出现一个"数据透视表字段"窗格，窗格中有"行"、"列"、"值"和"页1"几个选项，如图1-22所示。

图1-22

❹ 取消勾选"行"、"列"和"页1"，只保留"值"前面的勾选，随着取消选项，左侧的透视表就会剩下总计值，其他的标题和表中的数据全部隐藏起来，如图1-23所示。

❺ 做到这里，就离成功不远了，现在只需用鼠标指针对准这个值双击左键即可。哇，奇迹产生了！利用这个值Excel居

图1-23

然逆向追索出了一个新的Sheet表，表中出现了4个字段数据，分别是"行"、"列"、"值"和"页1"，如图1-24所示。

❻ 最后要做的就是把这个表的字段标题更改成有实际意义的标题文字，再把多余的"页1"字段删除，稍作美化和调整便可保存为规整的字段表，如图1-25所示。

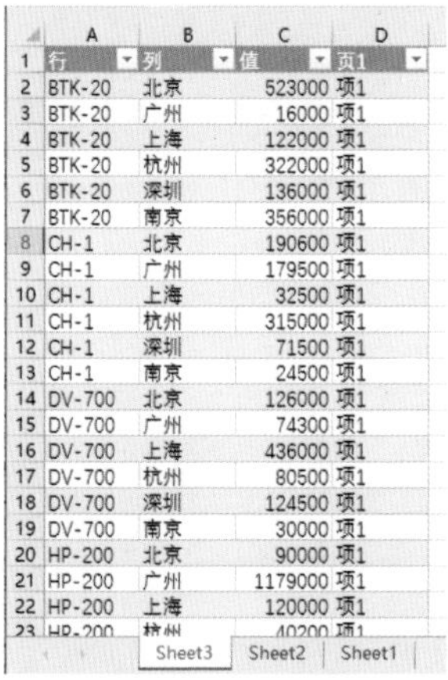

行	列	值	页1
BTK-20	北京	523000	项1
BTK-20	广州	16000	项1
BTK-20	上海	122000	项1
BTK-20	杭州	322000	项1
BTK-20	深圳	136000	项1
BTK-20	南京	356000	项1
CH-1	北京	190600	项1
CH-1	广州	179500	项1
CH-1	上海	32500	项1
CH-1	杭州	315000	项1
CH-1	深圳	71500	项1
CH-1	南京	24500	项1
DV-700	北京	126000	项1
DV-700	广州	74300	项1
DV-700	上海	436000	项1
DV-700	杭州	80500	项1
DV-700	深圳	124500	项1
DV-700	南京	30000	项1
HP-200	北京	90000	项1
HP-200	广州	1179000	项1
HP-200	上海	120000	项1
HP-200	杭州	40200	项1

图1-24

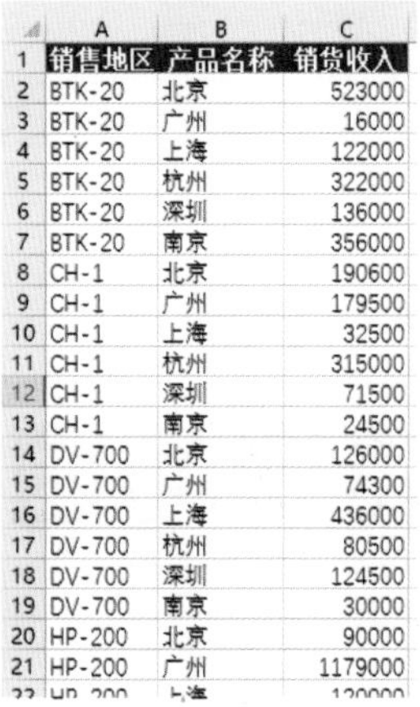

销售地区	产品名称	销货收入
BTK-20	北京	523000
BTK-20	广州	16000
BTK-20	上海	122000
BTK-20	杭州	322000
BTK-20	深圳	136000
BTK-20	南京	356000
CH-1	北京	190600
CH-1	广州	179500
CH-1	上海	32500
CH-1	杭州	315000
CH-1	深圳	71500
CH-1	南京	24500
DV-700	北京	126000
DV-700	广州	74300
DV-700	上海	436000
DV-700	杭州	80500
DV-700	深圳	124500
DV-700	南京	30000
HP-200	北京	90000
HP-200	广州	1179000
HP-200	上海	120000

图1-25

怎么样，这个方法是不是很棒？最后再简单介绍一下这个操作的原理，帮助大家理解和记忆。

这个应用有两个关键点，一个是用快捷键Alt、D和P调出透视表向导。另一个则是最后神奇的双击。

快捷键Alt、D和P是依次按，不是同时。按Alt键，再按D键的作用是调出低版本的菜单命令，而按P键则是调用“数据透视表向导”的命令（英文版软件的数据透视表命令就是Pivot Table）。

双击透视表的数据值，可以逆向生成数据信息是透视表的特点，利用这个特点往往可以从原始信息表中做出一个自己想查看的有效信息数据表。

操作提示

一般情况下，当基础数据在一张 Sheet 表中，对这个字段表进行透视分析时，就直接在“插入”工具栏中选择“数据透视表”命令，生成数据透视表。而当基础数据在不同的分表中，想对多个分表数据进行透视分析时，就一定要使用快捷键 Alt、D、P 调出透视表向导，利用“多重合并计算区域”分别选择多个数据表，这样就能对多个表进行透视分析了。有关数据透视表分析的相关问题，请参看本书第 16 章的相关内容。

第2章
格式转换问题

在Excel中，最小的操作单位是单元格，一个一个单元格中存放的数据组成了庞大的数据表，所以对单元格的管理是数据管理的核心。

笔者在讲课的过程中发现，很多学员只关注数据表怎么规划，而忽视了表中单元格的管理。千万别忘了"细节决定成败"，对这些数据表而言，细节就是那些组成表的单元格。

套路 对于单元格管理，最重要也是最关键的就是规范性管理。所谓规范性，就是指管理什么数据就要设置对应的类型和格式。在 Excel 中，可以将数据分成 3 大类别，即"文本型"、"数值型"和"日期时间型"，这 3 种类型各有特点，在运算和分析时采用的方法也各有不同。把数据类型进行规范性的设置以及将数据类型灵活地相互转换，是解决 Excel 问题的基础，也是通往 Excel 大神的必经之路。

这里先问大家一个问题，在使用Excel时，有没有碰到过"鬼"？

啊？鬼啊！别害怕，我是问你有没有碰到：明明是一组数值，可就是不能计算；明明是一组日期，就是不能运算和分析；明明看到的数据，用Vlookup就是查不出来……

其实，这些困扰很大程度上都是因为数据不规范造成的，只要把数据类型和格式调整好，问题便会迎刃而解。

2.1 为文本添加固定的前缀或后缀的方法

先给大家看一张表，有没有发现表中信息的规律？如图2-1所示。

这个表中的内容是最常见的一些基本信息，其中，在"工作证号"和"E-mail"两个文本字段中的内容有着强烈的规律性。一个是固定前缀文本"BJX"，另一个则是固定的后缀"@cmbin"公司邮箱。

营业额统计

编号	工作证号	姓名	部门	E-mail	销售额
0001	BJX142	王继锋	开发部	wangjif@cmbin.com	¥7,888
0002	BJX608	齐晓鹏	技术部	qixiaopeng@cmbin.com	¥1,200
0003	BJX134	王晶晶	技术部	wangjj@cmbin.com	¥1,200
0004	BJX767	付祖荣	市场部	fuzr@cmbin.com	¥2,300
0005	BJX768	杨丹妍	开发部	yangdy@cmbin.com	¥1,400
0006	BJX234	陶春光	测试部	taochg@cmbin.com	¥1,800
0007	BJX237	张秀双	开发部	zhangxsh@cmbin.com	¥2,200
0008	BJX238	刘炳光	市场部	liubingg@cmbin.com	¥1,900

图2-1

看到这样的信息后，你的第一反应是什么？估计两种想法最为常见：一个是用Ctrl+C组合键和Ctrl+V组合键，再改改；还有一个就是先用右下角的填充柄拖下来，再改改。甭管怎么着，您都得改改。

先问大家一个问题，如果是货币信息，即前面有货币符号的信息，当我们修改完后面的数值后，前面的货币符号用加吗？你一定会说，已经设置了货币格式，所以只要改数据就好，货币符号是不用自己加的。好了，那再问一个问题，如果格式能设置成货币格式添加货币符号，能否设置成自定义格式加自己想加的内容？

让我们来看看"工作证号"这列信息的格式定义吧。

❶ 选择"工作证号"要填写信息的单元格，可以看到，在默认情况下，Excel的单元格格式全都是"常规"类型，在"开始"工具栏中间的"数字"类型框中可以看到，如图2-2所示。

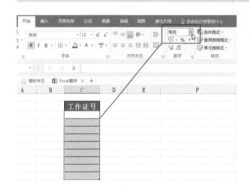

图2-2

❷ 在选中的单元格上单击鼠标右键，在弹出的快捷菜单中选择"设置单元格格式"命令，打开"设置单元格格式"对话框，将默认的"常规"更改成"自定义"，然后在右侧的类型栏里把类型更改成""BJX"@"，如图2-3所示。

图2-3

> 📠 **操作提示**
>
> 在自定义类型中设置的 ""BJX"@" 格式前面是英文引号，英文引号在自定义中表示"固定内容信息"，故将前缀 BJX 书写在引号内；后面用了一个 @ 结尾。@ 符号在自定义类型中表示"文本"，所以放在引号后面，就表示前面是固定信息，后面输入的是文本信息。

图2-4

❸ 输入完成并单击"确定"按钮应用后，在选中的这些单元格中只需要输入工作证号码后面的数字，便可自动在前面添加固定的前缀文本，如图2-4所示。

是不是很爽？有了这个神技巧后，我们再也不用担心如何在信息中添加固定的前缀文字了。

当然，如果把@和"倒过来写，就是固定的文本后缀了。在这个例子里，对于"E-mail"信息，如何把固定的公司邮箱域名 "@cmbin.com" 添加成后缀的就是一件非常简单的事。

2.2 功能拓展：用于自定义格式的神奇符号

自定义单元格格式中，常用的符号还有很多，如：# 0 ！？ [ ] ，；＊等，其作用各不相同，有些还可以联合使用。下面再挑几个常用的介绍一下。当然，最好的学习方式就是把 Excel 打开，自己试试。

2.2.1 为数值添加固定的前缀或后缀

先来说说 #，它的作用是表示数值类型，所以当单元格中指定的信息为数值类型时，可以借助 # 来说明。

自定义类型中的 # 表示数值，而且没有限制数据位数，所以同样是前面例子中的"工作证号"信息，若在自定义单元格类型中设置的不是 "BJX"@，而是 "BJX"#，让我们来看看会发生什么，如图 2-5 所示。

工作证号	工作证号	工作证号
23	BJX23	BJX23
123	BJX123	BJX123
0012	BJX0012	BJX12
aabb	BJXaabb	aabb
340	BJX340	BJX340
常规类型	"BJX"@	"BJX"#

图2-5

同样的信息，最左边的是默认的"常规"数据格式，中间设置了 "BJX"@ 格式，而最右边的则设置了 "BJX"# 格式。

可以看出，在设置 "BJX"@ 格式后，无论什么信息，都可以在前面添加"BJX"前缀内容。而在设置 "BJX"# 格式后，第一个、第二个和最后一个直接键入的数值信息顺利地添加了前缀，而第三个是书写了前面带"0"的数字，书写完后，0 便自动被删除，第四个单元格里输入的文本字符则根本不予理睬。这就是 # 数值的特点，只有填写的是数值才能添加前缀。

2.2.2 制作固定位数的数值信息

数字"0"在自定义格式类型中表示数值占位，需要有几位数值，就填写几个数字"0"，而且是整数和小数都能用。下面来看看将 0 当作单元格格式后整数占位和小数占位后的效果，如图 2-6 所示。

常规格式	00000	0.000
123	00123	123.000
8	00008	8.000
12345	12345	12345.000
12.1234	00012	12.123
12.1235	00012	12.124
常规类型	整数占5位	小数占3位

图2-6

前面 3 个单元格输入的是整数，可以看到，当在自定义中设置"00000"的格式后，只要是没满 5 位，便会自动在前面补零，大于或等于 5 位则没有变化，而在自定义设置"0.000"的格式中，所有的数值后面都会自动添加 3 位小数。再看看后面 2 个数，都是 4 位小数，在整数占位"00000"的格式中，没有小数的内容，而小数占位"0.000"的格式中，会自动将小数点后第 4 位进行四舍五入。

🔍 **操作提示**

这里用单元格格式"0.000"所做的四舍五入结果只是显示效果，单元格内部还是原来的数据信息，这点可以在选中数据后查看上方的"编辑栏"获知。如果希望做真正的四舍五入运算，则需要使用"ROUND"函数来进行。

关于 Excel 自定义单元格格式，用一个表来进行说明和介绍，大家可以参照表 2-1 进行学习。还是那句话，打开 Excel 自己试试比死记硬背更容易掌握。

表 2-1 自定义单元格格式示例

常规	自定义	格式后	注释
12.1234	??.??	12.12	数字占位符。在小数点两边为无意义的零添加空格，以便当按固定宽度时，小数点可对齐
	???.???	12.123	
1234567890	"人民币"#,##0,,"百万"	人民币1,235百万	相当于" "，都是显示输入的文本，且输入后会自动转变为双引号表达
1234567890	"¥"#,##0,,/百万	¥1,235百万	
21	#!"	21"	显示""。由于引号是代码常用的符号。在单元格中是无法用""来显示出""的。要想显示出来，必须在前加入"!"
	#!" !"	21""	
财务	"有限公司"@"部"	有限公司财务部	@表示文本，如果只使用单个@，作用是引用原始文本。如果使用多个@，则可以重复文本
	@@@	财务财务财务	
abc	@*-	abc———————	重复下一次字符，直到充满列宽
	..**.**	**************	
123	_____###	123	在数字格式中创建 N 个字符宽的空格
12	#,###	12,000	千位分隔符

2.3 把金额转换成对应的中文大写并加"元整"

笔者在一次讲课中遇到一个财务"表姐"，拿着笔记本来问问题，指着一个表问：左边是数据金额，能否在右侧的单元格中做出左侧金额对应的中文大写，并在后面添加"元整"的文字？笔者根据问题做了一个类似的表，如图2-8所示。

金额	中文大写 （元整）
¥156,800	
¥30,008	
¥450,097	
¥6,790	
¥222,709	

图2-8

这个问题是由两个小问题组成的，一个是如何做出两个单元格之间的对应关系，另一个则是把数据更改成中文大写的形式。在 Excel 中，两个单元格对应关系的建立其实就是用"="直接关联；而中文大写则是利用单元格格式的设置来完成。

❶ 先来看看对应关系的确立，选中右侧的第一个单元格，用键盘输入"="，再用鼠标单击左侧的第一个单元格，按Enter键确定后，右边的单元格便等于左侧的单元格，形成对应或者叫链接关系。

❷ 用右下角的填充柄向下填充复制公式，得到每一个右侧单元格都等于左侧单元格的公式结果，如图2-9所示。

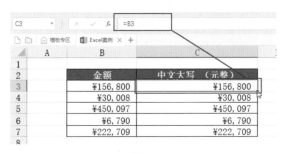

图2-9

❸ 选中这些右侧的结果单元格，然后打开"设置单元格格式"对话框，选择左侧的"特殊"分类，再选择右侧"中文大写数字"类型，可以看到上方"示例"中的单元格内容已经更改成了中文大写效果，如图2-10所示。

❹ 在选中"中文大写数字"后千万不要着急确定，因为还要添加"元整"的后缀，所以继续单击左侧的"自定义"分类，可以看到类型框里出现了"[DBNum2][$-zh-CN]G/通用格式"内容，这就是中文大写在Excel内部的格式，不要删除任何内容，在后面直接添加"元整"后缀，示例中可以看到"元整"已经添加在中文大写的后面了，如图2-11所示。

图2-10   图2-11

❺ 确定后返回单元格，可以看到所有选中的单元格全都出现了中文大写并有"元整"后缀的效果。由于是公式，所以右侧的单元格会随着左侧金额的变化自动进行调整，效果如图2-12所示。

金额	中文大写（元整）
¥156,800	壹拾伍万陆仟捌佰元整
¥30,008	叁万零捌元整
¥450,097	肆拾伍万零玖拾柒元整
¥6,790	陆仟柒佰玖拾元整
¥222,709	贰拾贰万柒仟柒佰零玖元整

图2-12

当我给这位财务"表姐"介绍完这个方法后，我们肯定能想到她一定会继续发难的。没错，新的问题接踵而来，就是如果金额数据的"元"不为整数，怎么办？

2.4 功能拓展：把数据金额转化成带有"元角分"的中文大写

如果是整数的金额，可以用单元格格式设定成中文大写，但若不是整数金额，带有"角"或"分"的金额，想把它转化成中文大写，则只能用函数来操作。

函数较长且还会有嵌套，因为要考虑的因素有很多，先要有个心理准备，再来看例子，如图 2-13 所示。

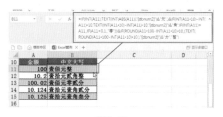

图2-13

在这个例子中，可以看到通过一个函数考虑到了"元整"、"角整"、"分"，以及小数点第三位四舍五入的各种情况。

> **函数说明**
>
> 在这个例子中，应用的函数较长，而且应用了大量的函数嵌套：
>
> =IF(INT(A11),TEXT(INT(ABS(A11)),"[dbnum2]")&" 元 ",)&IF(INT(A11*10)-INT(A11)*10,
> TEXT(INT(A11*10)-INT(A11)*10,"[dbnum2]")&" 角 ",IF(INT(A11)=A11,,IF(A11<0.1,,"
> 零 ")))&IF(ROUND(A11*100-INT(A11*10)*10,),TEXT(ROUND(A11*100-INT(A11*10)*10,),
> "[dbnum2]")&" 分 "," 整 ")
>
> 看似冗长的函数，规律还是很容易找到的，是把元、角、分分别计算，并且进行正负数、
> 是否为零和四舍五入等相关判断。这里把计算"角"的部分单拿出来给大家简单讲一下运
> 算规律，其他的便可自行看明白了。
>
> TEXT(INT(A11*10)-INT(A11)*10,"[dbnum2]")&" 角 "
>
> 这部分是计算角的，金额所在的单元格是 A11，其中 INT（A11*10）-INT（A11）*10 这
> 步非常巧妙，把金额先乘以 10，再取整减去金额，先取整后再乘以 10，就可以把小数点后
> 的第 1 位计算出来，也就是角的金额，然后用 TEXT 函数设定成中文大写，加上"角"这个汉字。

怎么样，看完后是不是还是有点"懵圈"？没事，"懵圈"是正常的反应，谁让函
数复杂呢！笔者的建议是，把本案例的公式输入你要用的单元格中，直接把这个当作运
算模型即可。

2.5 把金额数值更改为以万元为单位

在 Excel 中，管理数据的金额数值有时很大，若希望将数据转化为以"万元"为单
位，有多种方法，不同情况有不同的使用，最直接的方法就是用单元格的格式直接设
置。

在讲以"万元"为单位前，先来看看以"千"为单位和以"百万"为单位的设置方
法，这两个搞懂了，以"万"或"万元"为单位的设置就简单了。

在"设置单元格格式"中，英文","表示千分符，也就是 3 位一分位，这是西方
惯用的数据显示方式，所以若需要在数据中添加千分符，可以把单元格的格式设置成
"#,000"。这个要是明白了，想想看，若要把数据设置成以"千"为单位，是不是省去
后面的 3 个 0 就可以，所以直接在"自定义"类型中书写"#,"就行了。其中","紧贴在 #
号后面，说明隐藏了后面的 3 位数，数据便会以"千"为单位显示出来。有了这个思路，
在"自定义"类型中书写"#,,"，连续两个半角逗号，说明隐藏了后面的 6 位数，即可让
数据以"百万"为单位显示出来。

隐藏几位数就是相应的以什么为单位，以"万"单位，就是找到隐藏4位的方法。若需要"万元"后缀，则可以利用自定义添加固定的后缀文本。

大家找找规律，"#,000"表示千分符数据，"#,"表示隐藏了3位，以千为单位。若设置为"#.0,"格式，从表面上可以看到，英文逗号后面省略了3位，前面有一个0，0的前面有个小数点，说明小数点后有4位。这么做思路完全正确，但是表达方式不对，这么表达会让Excel误认为小数点和0只是在描述一位小数，而不是小数点后面有4位数，所以要添加一个"!"在小数点的前面，以"#!.0,"格式进行设置，才是真正把数据以"万"为单位显示，并设置一位小数。"!"的作用是显示后面的内容，"!"在小数点前面，说明小数点的位置是固定的4位数字前面，即以"万"为单位。

"#!.0,"表示以"万"为单位，那么在后面加上"万元"，就是直接在格式后面添加文本后缀，只需把格式设置为"#!.0,"万元""即可，示例参见图2-14。

常规原始数据	以"千"为单位	以"百万"为单位	以"万元"为单位
123456789	123457	123	12345.7万元
10300600	10301	10	1030.1万元
10500500	10501	11	1050.1万元
常规	#,	#,,	#!.0,"万元"

图2-14

2.6 功能拓展：以"万元"为单位的数值转换进阶操作

前面讲的方法非常直接，但是存在一个遗憾，就是得到以"万元"为单位的数据只能保留1位小数，不能灵活地设置小数位数。所以，下面介绍两个方法满足大家的不同应用需求。一个是添加辅助列的运算方法；另一个则是利用"选择性粘贴"来协助的操作。

2.6.1 用函数把数据更改成以"万元"为单位

把金额为"元"的数据更改成以"万元"为单位，可以直接在金额后的单元格中输入函数，先把数据缩小10000倍，然后用文本合并的方法添加"万元"文字。

以金额在A1单元格为例，公式为：=ROUND(A1/10000,2)&"万元"。

 函数说明

Round函数为四舍五入函数，第1个参数是用A1单元格除以10000，使数据缩小10000倍，第2个参数是保留几位小数，本例使用了"2"作为参数，说明需要保留2位小数。最后用"&"做文本合并，合并的文本为"万元"字符。

这样做的优势是可以根据自己的需要灵活设定保留几位小数，但问题是需要增加辅助列进行运算，并不是在原始数据上直接修改。

2.6.2 通过"选择性粘贴"把数据更改成以万为单位

一说到"选择性粘贴"，很多人的第一反应就是把公式的值粘贴出来，或者是转置数据的行列，很难想到"选择性粘贴"还能把金额做成以"万元"为单位。

其实，"选择性粘贴"是带有运算功能的，很多人都忽视了，如图2-15所示。

"选择性粘贴"可以运算加减乘除，利用这个功能可以快速更改一组数据，无须增加辅助列。

图2-15

❶ 在原始数据旁边找一个没用的单元格，输入"10000"后将其复制，如图2-16所示。

图2-16

❷ 选中要更改成以万为单位的所有原始数据，在鼠标右键快捷菜单中选择"选择性粘贴"命令（或者用Ctrl+Alt+V组合键），打开"选择性粘贴"对话框，选择中间的"除"单选项，如图2-17所示。

❸ 确定后返回表，可以看到所有的数据都被除以了10000，数值的小数位数根据自己的需要在"开始"工具栏中设定即可，如图2-18所示。

图2-17

图2-18

❹ 最后把那个多余的10000清除，添加一个标题"单位：万元"，大功告成。

📖 操作提示

要特别说明的是，借助"选择性粘贴"操作的方法是真的将原始数据缩小了10000倍，而不是显示的效果。大家在工作中要根据自己的实际需求选择合适的方法即可。

通过这个例子，大家以后再碰到一组数和固定的一个数进行运算时，不要只会用公式解决问题，有时，利用"选择性粘贴"的运算功能直接在原始数据上修改反而是更简洁的一种应用。

2.7 调整日期类型的显示方式

日期和时间类型是Excel中的三大类型之一，它具有很多与文本及数值类型不同的特点，从书写到存储方式，再到运算和分析，都有自己的很多特点。

本节先来看看日期类型信息的填写和显示。

在Excel中一定要把日期书写成有效的真日期，因为日期的作用不仅仅是查看，更重要的是，要对日期进行运算和后续的分析，一旦书写的日期是Excel不能识别的假日期，那么就只能当作文本使用。

让大家先来做一下判断，看看图2-19所示的表中，用哪种方式输入的日期能被Excel识别成真日期，而哪种是假日期，只能当文本来用。判断之前，声明在先，你所看到的就是用键盘输入的方式。好了，判断吧……

图2-19

公布答案：F3、F4和F8中也就是第1个、第2个和最后一个输入的日期是真实有效的，而剩余的几个都是假日期，只能当作文本来用，完全失去了日期的运算和应用。

图2-20

先说第一个减号"－"分隔的和第二个除号"/"分隔的日期，这两个都是真日期，可以说是等价关系。这里说的等价关系有两层含义：第一，写成"－"分隔或"/"分隔没有差异；第二，在Excel里显示成什么可以互相转化。在Excel里显示成"－"或"/"是Windows控制面板中的设置。在Windows中，"控制面板"的"区域"选项对话框中可以对电脑软件中的"日期"等格式进行显示设置，如图2-20所示。

所以，以后再输入日期时，用"－"或"/"都行，日期的填写有很多技巧和经验。下面介绍常用的。

❶ 当年日期不用写年份，直接写"月－日"或者"月/日"，Excel会默认日期为当年，写完把格式设定成"短日期"，年份就会自动显示出来。

❷ 当天的日期不用输入，只需用Ctrl+；组合键，即可在单元格中调用系统日期。

❸ 当书写"25-5"时，正序不能当日期，但是倒序可以，Excel便会把信息倒过来，变成5月25日。

说完了第一个"–"和第二个"/"，再来看看最后一个"2017年7月10日"的写法，中文版这么输入当然是真日期，但要提示一下，真需要这种中文效果时，以后最好不要用键盘输入，在单元格格式里改成这种"长日期"的效果会很省事。

"\"这种"假得没边"的日期就不多说了吧，以后千万不要这么干，太假。

最容易犯错的就是用"."分隔日期或者直接写8位数这两种。对于这两种日期，笔者要说两句重要的话，请用小本谨记：

❶ 手写带"."分隔的日期或直接写8位年月日，这两种日期一定全是假日期。

❷ 若看到带"."分隔的日期，或者看到8位年月日，这两种日期不一定是假日期。

仔细看看两句话并不矛盾。为何看到"."分隔的日期或者8位年月日的日期不一定是假的呢？原因非常简单，单元格的格式可以被自定义。

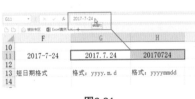

图2-21

所以，只要输入的日期是正确的，那就可以根据需求，利用自定义格式把外观和显示更改成"."分隔的日期或者8位年月日的日期效果，如图2-21所示。

操作提示

日期的格式代表了日期的显示方式，真假日期的判断不要看单元格里的效果，而要选中日期单元格看"编辑栏"中的显示，编辑栏里才是一个单元格中真正信息的内容。

2.8 功能拓展：利用格式获知某日期对应星期几

在日期格式中，还有一种常见的类型，就是"星期"，Excel能够自动将日期转化为星期。

在Excel中，有多种方法都可以获知一个日期对应星期几，本节先来介绍一种通过格式直接获知对应星期几的方法，在2.10节会讲解用函数计算的方法。

在Excel中，"星期"是日期类型中的一员，所以要获知一个日期对应星期几，只需使用单元格格

	A	B	C	D
9				
10		日期	星期	
11		2017-1-24		
12		2018-10-1		
13		2017-10-1		
14		2018-5-1		
15		2018-4-5		
16				

图2-22

式进行设置即可。举个例子，把左边日期对应的星期几书写在右侧单元格中，如图2-22所示。

❶ 对应关系的建立，只需用键盘输入"="，然后用鼠标单击左侧的单元格B11，让右侧的单元格等于左侧的单元格即可。

❷ 复制公式到下方，然后在右键快捷菜单中选择"设置单元格格式"命令，进入对话框。

图2-23

❸ 把当前日期类型中的"yyyy-m-d"类型更改成下方的"星期三"类型，如图2-23所示。

图2-24

❹ 确定后返回单元格，单元格内的信息便自动更改成了"星期"的效果。由于是"="做的对应关系，因此只要左侧的日期发生变化，右侧的"星期"便会自动进行调整，效果如图2-24所示。

2.9 将文本快速转换成数值的方法

笔者在讲课时，时常有学员拿自己公司后台导出的数据来问笔者，明明是一组数值，可为何就是不能运算？把它更改成"数值"类型格式后还是计算不了。大家在工作中碰到过吗？其实，这个问题非常普遍，在Excel中会经常碰到。

先简单说一下为何会有这种情况。这种情况通常不是Excel直接输入的信息，都是来自导入的后台数据库，在数据库中若把信息设定成文本或备注格式，导入到Excel中后，无论将它更改成什么类型，数据内部还会保留文本特性。因此，导致无法在Excel中对其计算和分析。

怎么知道自己的 Excel 数据信息是文本还是数值？这里教大家一个小技巧，可以用"ISTEXT"函数测试，如果得到"TRUE"结果，就是文本，如果得到"FALSE"，那么就是数值类型。有很多文本信息是无法通过格式设置改变其内部文本特性的，这时，就要想其他的办法来调整，最常见的方法有4种：利用智能标记直接修改、选择性粘贴、公式、数据分列。这4种方法并不是掌握一种就够用，一定要都掌握，因为不同的情况使用不同的方法。

方法1：用智能标记直接修改

如果在设定的"文本"格式单元格中输入了数值，或是用" ' "加数字快捷方式书写的文本信息，都可以在单元格前面出现一个绿色的智能标记，如图2-25所示。

这个绿色的标记只在"文本"格式中输入数字时才有。操作很简单，就是选中要转换格式的单元格，再用鼠标单击智能标记选项，选择"转换为数字"命令，即可将文本快速转换成数字，也就是"常规"类型，如图2-26所示。

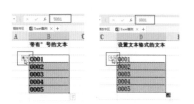

图2-25   图2-26

方法2：利用"选择性粘贴"更改

把一列文本格式的数字更改成真正的数值类型，也可以利用"选择性粘贴"中的运算功能来配合。

在要转换格式的信息旁，任意空单元格中输入数字"1"，然后将其复制，如图2-27所示。

图2-27

把要转换的所有文本信息选中，利用右键快捷菜单命令（或按Ctrl+Alt+V组合键）打开"选择性粘贴"对话框，选择中间"运算"中的"乘"（也可以选择"除"），如图2-28所示。

确定后返回单元格，可以看到所有的文本数字都和"1"相乘（或相除），自然转换成了数值类型，如图2-29所示。最后再把辅助运算的"1"删除即可。

图2-28

图2-29

方法3：利用"公式"转换

利用公式把文本更改成数值，不是在原始数据上直接修改，而是要添加运算辅助列信息，最常见的有三种方法。第一种是用文本单元格乘以"1"或除以"1"；第二种是用两个负号（－－），这种应用不仅在这个例子中，后面在解决其他问题时，两个负号（－－）配合函数还能成为一种非常巧妙的操作技巧；第三种则是用"VALUE"函数将文本转换成数值。应用的效果如图2-30所示。

图2-30

图2-31

这三种方法的思路不同，但结果一致。把第一个单元格算出结果后，用填充柄复制公式，即可把所有的文本单元格内容在辅助列中转化成数值，如图2-31所示。

> **套路** 大家千万不要误以为增加了辅助列，而不在原始数据上直接修改是不好的，其实，如果原始数据没有错误，只是希望对数据进行运算和分析，那么不建议直接修改原始数据，增加辅助列，供运算和分析使用，原始信息保留下来不做改变，可用于今后多表间的数据匹配等。

方法4：用"分列"功能转化

分列就是把一列数据拆分成多列。

> **套路** 分列功能除了将数据拆分外，还有一个非常重要的功能，就是指定数据的格式。借助这个功能可以自如地实现"文本"到"数值"，"数值"到"文本"等格式转换。

把要更改类型的数据选中，然后在"数据"工具栏中选择"分列"命令，打开向导对话框，如图2-32所示。

打开对话框后，几乎不用做任何操作，因为我们不是要分列数据，而是借助它来更改格式，所以可以一键单击"完成"。为了让大家看明白，这里用"下一步"按钮进入向导的最后一步，最后一步是指定分列后的信息格式在默认情况下将数据设定为"常规"，如果是数字，常规就是一种"数值"类型，如图2-33所示。

图2-32

图2-33

图2-34

确定后，单元格中原来的文本格式便会自动更改成"常规"数值，完成操作后的效果如图2-34所示。

利用"分列"将文本信息转化成数值的功能看似是这几种方法中最麻烦的，但由于它有将数据分列重组后再指定格式的特性，所以这种方法往往能解决用其他方法转化数值解决不了难题，是咱手中转化数值的一张王牌。在"分列"向导最后指定格式时，除"常规"格式外，还有"文本"和"日期"两个选项，说明把数值转化成文本或是假日期转化成真日期，都可以采用这种方法。

2.10 把数值转换成指定文本格式

在Excel中，把数值直接转换成文本的需求不多，通常转换成文本都会指定格式。也就是说，将数值转换成指定格式的文本。

在2.9节中借助 VALUE 函数将文本转换成了数值，大家一定能够想到，存在一个对等的函数，将数值转换成文本，没错，这个函数就是 TEXT。

TEXT函数被称为"转换指定文本"函数，为什么说是指定文本函数呢？是因为TEXT函数有两个参数，第1个是转换信息，第2个是转换成什么格式。

函数应用规则是:

=TEXT(转换信息,转换指定格式)

先看个例子,这里做了3种格式的指定,如图2-35所示。

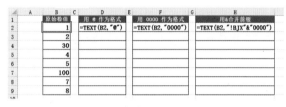

图2-35

需要说明的是,TEXT的第二个参数是指定格式,Excel规定要用英文引号将指定的格式进行包含。既然是规定,记住就好,引号本身没有意义。

先看 "@" 格式,大家应该不会陌生,在前面介绍的 "设置单元格格式" 中,@的作用是设定 "文本" 格式,所以在TEXT函数中,@同样是将信息指定成 "文本",这个文本就是 "一般文本"。

再来看 "0000" 格式,同样,0在 "设置单元格格式" 时的作用是数值占位,本例中应用了4个0,所以是将信息指定成占4位的文本,若数据不满4位,可自动在前面补足。

图2-36

最后是 "!BJX"&"0000" 格式,这个格式有两个意义,一个是添加数据前缀 "BJX",另一个则是用0补足4位信息。

做完的结果复制后,如图2-36所示。

函数说明

最后使用的函数"=TEXT(B2,"!BJX"&"0000")"添加数据前缀"BJX",并用0补足4位信息。在函数中,指定格式时使用了 "!",这个叹号是用来表明后面的字符是文本,与单元格格式里的 "!" 作用相同,中间用了 "&" 符号,这个符号的功能是文本合并的功能,后面的4个 "0" 表明占4位,不满4位时自动在前面补0。

2.11 功能拓展:用TEXT函数计算某日期对应星期几

既然 TEXT 函数有指定格式的作用,借助它的指定格式功能就能实现将数据显示成不同的效果。

在 2.8 节中讲解了利用格式设置，得到一个日期对应星期几的效果。这里再向大家介绍另一种做法，实际工作中根据情况灵活使用。

TEXT 函数的第 2 个参数是指定转换的格式，"aaaa"就是 Excel 内部星期几的表达方式，所以只需要将"aaaa"当 TEXT 的第 2 个参数，就可以将一组日期快速计算出对应的星期，如图 2-37 所示。

日期	对应星期		日期	对应星期
2017-1-24	=TEXT(B13,"aaaa")		2017-1-24	星期二
2018-10-1			2018-10-1	星期一
2017-10-1			2017-10-1	星期日
2018-5-1			2018-5-1	星期二
2018-4-5			2018-4-5	星期四

图2-37

2.12 假日期快速调整为真日期的方法

假日期在Excel中只能当作文本应用，无法对其进行日期运算和分析，哪怕是最简单的排序操作，假日期都会出现问题。所以在应用时，若碰到了假日期信息，我们应做到快速将其调整为真日期。

常见的假日期有两种，一种是用"."分隔年月日（如：2018.1.1），另一种则是直接填写8位年月日（如：20180101）。

什么是假日期？不就是因为应用了错误的分隔符吗？若要把假的变成真的，就是把错误的分隔符改成正确的。

这里给大家介绍3种方法，分别应对不同的情况。

方法1：用"替换"功能将"."分隔年月日的假日期调整为真日期

这个方法最容易理解和操作，既然"."是假的，"-"是真的，那么就用"替换"功能把假日期中的"."都换成"-"即可。不过要注意替换范围，别把表中的小数点换成了"-"。

在图2-38所示的例子中，左侧是错误的假日期，选中单元格打开"替换"对话框（或按Ctrl+H组合键），在"查找内容"框里用键盘输入"."，在"替换为"框里输入"-"，然后单击下方的"全部替换"按钮，便可将假日期快速调整为右侧的真日期。

图2-38

方法2：用TEXT函数将8位假日期更改成真日期

刚看到标题，有些人就懵了，心想：TEXT函数不是将数值转换成文本格式的函数吗，怎么能用来把假日期改成真日期呢？不错，TEXT函数的确是将数值转换成文本格式的函数，但是利用它的指定格式功能便可巧妙地搞定假日期。

在应用过程中，若碰到了8位年月日（如：20180101）直接书写的假日期，可以借助TEXT函数直接搞定。只要明白了两件事，这个函数的应用就简单了：一个是8位假日期中，前4位是年，中间2位是月，最后2位是日。什么表示占位？当然是"0"。第二，什么分隔符是真日期应该用的？当然是"-"。搞清这两点，操作就很简单了，看看图2-39所示的操作案例。

图2-39

图2-40

在这个例子中，用"= TEXT(A3,"#-00-00")"函数公式就可以将前面的假日期调整为真日期，其中，第二个参数是将前面的8位数字指定成"#-00-00"（或者使用"0000-00-00"）的格式，8位信息便被分成了3段，中间以减号相连，结果如图2-40所示。

看似已经完成，但是还没到结束的时候，大家应该已经想到了，此时的结果还是文本，虽说可以当作日期使用，但毕竟是用TEXT函数得到的结果。

下面放个大招，就可以将结果变成真日期使用了。大家还记得前面提过两个连续的"--"（负号）可以将文本转变成数值的方法吗？没错，在TEXT函数前加上这两个连续的"--"，让公式变成"=--TEXT (A3,"#-00-00")"，参看图2-41所示。

图2-41

这样的结果就会自动变成数值，确定后在单元格里不再是文本效果，而是得到一个日期的数值，最后只需把单元格格式从当前的"常规"更改成"短日期"即可，如图

2-42所示。就可以立刻看到Excel把结果还原成真日期的效果了，只需向下填充复制这个结果，便可以把前面所有的假日期转变成最终的真日期效果，如图2-43所示。

图2-42

图2-43

本章介绍了这么多和数据格式相关的内容，其实，在Excel中，数据信息按照大类可划分成三种：文本、数值和日期时间，每一个分类中又有很多不同的数据格式。这些格式一定要和数据信息相吻合，这才是管理数据中最重要的规范管理。

第3章
数据有效性验证问题

在做数据管理时，除了规范性，还有一个不容忽视的问题，就是确保输入数据的准确性，虽然大量的数据都是导入的后台数据，并不是自己输入到单元格中的，但是在Excel里输入数据信息仍然不可避免。

为了防止在输入信息时出现错误，在规划表单之初，就应该用好Excel的"数据验证"功能，这个功能在低版本中称为"数据有效性"，无论名字怎么改变，它的作用都是设置输入条件，避免填写错误。

"数据验证"通常都是在规划表单之初进行设置，因为一旦把条件设置在单元格中，便要按照设置的条件进行填写，否则会出现"重试"或者"报警"的提示对话框。从这句话里是否听出来一个好消息和一个坏消息？先说好消息，通过数据有效验证的条件设定，可以让数据表的信息既规范又准确；再说坏消息，数据有效性验证功能只对填写的方式有效，如果是把信息复制/粘贴在有效验证的单元格中，数据验证是没有用的。

数据有效性验证的操作只需3步：第1步，选中应用数据区域；第2步，利用"数据"工具栏中的"数据验证"进行条件设置；第3步，用键盘输入信息应用。如果符合应用条件，输入有效，否则会报错或者警告。

在设置有效验证条件时，Excel自带了很多现成的条件，如图3-1所示。

"整数"、"小数"这两个条件是限制数据输入范围的，如：绩效考核成绩限制、年龄范围限制、

图3-1

销售额大于零的限制等。

"序列"条件用于下拉列表的制作，通常用于"分类文本"的填写，如：男/女性别、部门、文化程度、职务等级、产品型号等。

"日期"、"时间"这两个条件是限制日期和时间区间范围的，当然也可以借此来避免输入假日期或时间。

"文本长度"条件是限制输入字符个数的，如：6位邮政编码、11位手机号码、18位身份证号码等。

"自定义"条件就是数据验证功能里高级的用法。所谓"自定义"，是用公式或函数的结果进行条件判断，由于公式和函数没有限制，所以能够判断的条件就多种多样。

3.1 制作带有下拉列表的分类文本

利用数据验证中的"序列"条件，可以把允许填写的分类内容事先规定好，这样今后在填写信息时，只能按照指定的序列内容进行输入。应用时，如果序列的来源分类很少，就直接在"来源"框里输入；如果分类多，则可将事先准备好的一组单元格信息当作序列"来源"。

数据验证的"序列"条件可以在单元格中制作出"下拉列表"的效果，有经验的"表哥"、"表姐"用这个功能在限制数据输入的同时，还会借助它提供的下拉列表选项来制作多级分类或交互图表等效果。有关这部分的高级用法，请参看本书后面章节的介绍。

3.1.1 分类文本信息较少

以填写表中"性别"信息为例，看看较少的分类文本如何设置"数据验证"条件。

在填表时，性别信息若不做限制，有些人除了填写"男"或"女"，还可能填写"M"或"F"，当然还可能写"Male"或"Female"，一旦出现填写杂乱的情况，会给今后的筛选或者统计带来大麻烦。看看如何设置"男"、"女"信息的限制。

❶ 选中要填写"性别"信息的所有单元格，然后用"数据"工具栏中的"数据验证"命令打开"数据验证"对话框，把允许的条件从默认的"任何值"改成"序列"，然后在下方"来源"框中直接用键盘输入"男,女"（中间的逗号是英文的）。注意，"序列"条件可以"提供下拉箭头"，如图3-2所示。

图3-2

❷ 条件设置完成后，不要着急确定，最好再多做一个"输入信息"的标签，在这个标签中可以添加应用时的提示文字。在"标题"框中键入提示标题，在"输入信息"栏里键入提示语，如图3-3所示。

❸ 如果需要设置"报错"文字，可以再多做一个"出错警告"标签，这里不再赘述，就直接单击"确定"按钮返回应用。可以看到光标定位在"性别"一列任意单元格后都会出现下拉列表，列表中罗列了"男"、"女"两个选项，同时在表中出现自定义的"提示语"，如图3-4所示。

图3-3

图3-4

❹ 今后再填写性别信息时，有两种方式，一种是用鼠标在列表里选择选项，另一种则是用键盘输入，但是一旦输入不是指定的数据来源"男"或"女"，便会立即出现报错对话框，提示"重试"或者"取消"，如图3-5所示。

图3-5

今后，规划表单让其他人员进行填写时，只要是这种分类不多的文本（如：职务、等级、文化程度等），都应该把验证序列做好，这样就可以又快又准地填写信息了。

3.1.2 分类文本信息较多

"数据验证"的序列条件如果超过5个，建议不直接书写来源，而用选择区域的方法来设置。下面通过填写"部门"为例，让大家看看分类较多时的"有效验证"条件设置。

信息表中的"部门"字段有个特点，就是分类较多，通常一个企业的部门数量都在10个以上，如果分类较多，都在"序列"的来源框里直接书写并不方便，所以建议大家把企业所有可能填写的部门找一个空白区域做成一列（或者一行）。

❶ 在数据表外找一个空白的地方，键入表中所有可能用到的部门信息，做成一列，如图3-6所示。

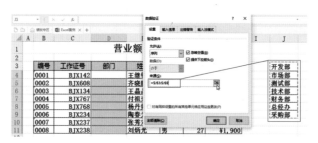

图3-6

❷ 选中要填写"部门"信息的所有单元格，然后打开"数据验证"对话框，选择"序列"条件。利用"来源"框右侧的"选择"▦按钮把刚刚填写好的部门一列信息全部选中，选中后，来源框中会显示出单元格的地址，如图3-7所示。

图3-7

❸ 单击"确定"按钮后返回应用，同样会在每个应用的单元格右侧出现下拉选项，用鼠标可直接在选项中选择所需分类的内容，如图3-8所示。

图3-8

当分类较多时，建议大家把分类内容事先在单元格中做成列表，然后利用选择按钮选择数据源。这里提示大家一点，应用"序列"条件做出下拉列表后，在填表时并不一定要用，原因非常简单，要是分类少，信息好找，就可以用；要是分类多，信息就不好找，此时通过键盘输入效率会更高。所以"数据验证"功能并不完全是让输入更高效，它的核心功能是让数据在填写时更加规范和准确。

3.2 限制填写时序日期

在生产销售型企业中，有一类常见的字段信息，就是时序日期。时序日期就是按照时间顺序填写的日期。简单地说，就是填写日期时，下面单元格的日期一定要比上面的日期大或相同。

 下面新填的日期比上面的日期大或相同，逻辑关系就是让新填写的信息永远是最大值。

这个例子要用到MAX（最大值）函数，而且要说明的是，并不是所有的公式都必须写在"自定义"条件中，每个条件都可以根据需要书写函数或公式，操作如下：

❶ 选中要填写日期的所有单元格，然后打开"数据验证"对话框，选择"日期"作为允许的条件，然

后将下方的"数据"条件更改成"大于或等于"，再在"开始日期"框中输入公式"=MAX($B$3:B3)"，如图3-9所示。

◇ 函数说明

函数 "=MAX($B$3:B3)" 是计算最大值函数，在函数中使用了 $B$3:B3 作为计算最大值的一个区域，注意：第一个 $B$3 是带有 $ 符号的（使用了绝对地址），而第二个 B3 是没有 $ 符号的（使用了相对地址），这样一个巧妙的设置，可以始终让第一个 B3 单元格成为区域起点，在填写信息时，让后面每个依次填写的单元格成为这个区域的终点，这样就确保依次填写的每个值都是这个区域中的最大值。

② 确定后返回应用，当从上往下顺序填写日期时，只要下面的日期大于或等于上面的日期即可。而一旦下面所填的日期不符合设定条件，便会立即报错，如图3-10所示。

图3-10

3.3 功能拓展：限制只能填写工作日日期

把刚才的问题稍微进行拓展，就可以把"时序日期"演变成"升序数值"填写。所谓"升序数值"，就是下一个要比上一个大。在设置这个条件时，就要在"数据验证"对话框的"自定义"和"公式"栏中输入公式：=B3=MAX($B$3:B3)，如图 3-11 所示。

有了前面例子的基础，这个公式几乎不用解释，简单地说，就是让输入的每个值都强行等于这个区域中最大的值。

默认的工作日是周一到周五，在做工作日志时，能不能做到只允许填写周一至周五的日期，而周六、周日

图3-11

的日期不可以添加呢？这个问题其实就是判断一个日期是星期几（一周的第几天）。在 Excel 中，WEEKDAY 函数就可以计算一个日期是一周的第几天，也就是星期几。

这个问题虽然也是和日期相关的判断，但是要把函数公式写在"数据验证"的"自定义"条件中。

操作步骤为：选中要填写日期的单元格数据区，打开"数据验证"对话框。在"自定义"公式栏中输入 "=AND(WEEKDAY(D3)<>1,WEEKDAY(D3)<>7)"，如图 3-12 所示。

图3-12

函数说明

函数"=AND(WEEKDAY(D3)<>1,WEEKDAY(D3)<>7)"用了嵌套,外面的AND函数是"与"函数,说明WEEKDAY(D3)<>1和WEEKDAY(D3)<>7这两个条件要同时满足。再来说说里面的"WEEKDAY"函数,它的作用是计算一个日期是一周的星期几。在默认情况下,Excel认为周日是一周的第1天,周六是一周的第7天,所以当不能填写周六和周日时,大量使用"<>"不等号。

3.4 限制数据信息的填写位数

工作中很多编号信息的位数都是相同或固定的,如:邮编是6位,手机号码是11位,身份证号码是18位。其实,更常见的还是编号位数不同的情况,如:不同银行的银行卡卡号、不同地区的电话区号、航班号、产品的编号等。

若信息位数相同或固定,直接在"文本长度"条件中选择"等于",然后输入多少位就可以,但是一旦信息位数不完全一致,就只能使用"自定义"中的公式来限制。

举一个产品编号的例子,有两种"产品编号",一种是6位的,另一种是8位的。只允许填写6位信息或8位信息,其余的都报错。

操作如下:

❶ 选中要填写日期的所有单元格,然后打开"数据验证"对话框,选择"自定义"作为允许的条件,在公式框里输入"=OR(LEN(F3)=6,LEN(F3)=8)",如图3-13所示。

图3-13

函数说明

函数"OR(LEN(F3)=6,LEN(F3)=8)"用了嵌套,外面的OR函数是"或"函数,说明(LEN(F3)=6和LEN(F3)=8这两个条件只要满足一个就可以。"LEN"函数是计算一个单元格内有多少个字符,也就是统计单元格内的字符位数。需要说明的是,LEN函数在统计位数时不区分字符的全半角。所以这个函数的意思就是,LEN的结果等于6或者等于8,即只能输入6位信息或者8位信息。

图3-14

❷ 确定后返回应用，当在单元格内填写"产品编号"时，若填写6位编号或者8位编号，则没有问题，一旦输入的信息不符合设定条件，便会立即报错，如图3-14所示。

3.5 限制填写重复信息

例如，娱乐圈有个大张伟，体育圈有大杨扬，在名字前加个"大"，就是为了区别和其他重名的人。重名在Excel中是一件非常麻烦的事，无论是筛选信息，还是用VLOOKUP函数匹配，都会造成困扰。像重名这样，还有很多信息是不希望在填写表格时出现重复的。再有这种需求可利用"数据验证"功能来避免填写重复信息。

限制重复填写，可以利用统计个数的思路，让每个单元格的内容在一列中只出现一次。

要想限制重复，可用条件计数的函数来解决问题，Excel中条件计数函数是COUNTIF，不能重复，就让它的结果为"=1"或者"<2"。只需选中数据区域，然后在"数据验证"对话框的"自定义"栏中输入"=COUNTIF($B$3:$B$10,B3)=1"，如图3-15所示。

图3-15

 函数说明

这个公式是"=COUNTIF($B$3:$B$10,B3)=1"，也就是条件计数函数的结果必须为"1"。"COUNTIF"由两个参数组成，第1个参数是完整的要填写的数据区，由于是固定区域，所以要用 $ 做成绝对地址；第2个参数是统计的条件，使用了选中区域的第1个单元格作为条件，因为应用了相对地址，故下面每个单元格中的公式都会自动变换成自己的单元格地址。这样便可做到每个单元格在填写信息时始终保持是唯一的。

3.6 限制不能填写多余空格

在单元格中，多余的空格如果出现在字符中间，就能看出来，但如果出现在字符最后，用眼睛是无法识别的，这样就会影响"查找和替换"功能的实现，也会影响

VLOOKUP函数的匹配应用。

大家注意，这里谈的是如何杜绝多余空格的填写，要是正常合法的空格，当然是可以添加的。所谓正常合法的空格，是指文本间的一个空格，如果是文本前面的，最后的或者中间的连续多个空格都被称为"不合法"的多余空格，如图3-16所示。

图3-16

　在Excel中，TRIM函数可以将多余的空格快速清除，借助这个函数，配合"数据验证"功能便可将多余的空格进行填写限制。

图3-17

TRIM函数可将一列数据中的多余空格快速清除，借助这个特点，就可以让应用函数前和应用函数后的结果进行对比。从而进行多余空格输入的限制。应用时，只需先选中要填写的单元格，然后在"数据验证"对话框的"自定义"栏中输入"=B3=TRIM(B3)"，如图3-17所示。

函数说明

公式"=B3=TRIM(B3)"也就是让应用 TRIM 函数前和应用 TRIM 函数后的结果进行对比，若是相等的关系，说明填写时没有多余空格；若不相等，就说明填写信息时填写了多余空格，条件不满足时，便会立即报错。

3.7　限制填写的某位信息为固定值

大家有没有碰到过这种情况，信息中有某一位或几位是固定内容，其他信息不同，甚至可能位数也不一致，如：同一个省的汽车牌照、同一家银行的银行卡卡号、同一个航空公司的航班号等。

图3-18

这种信息有个特点，就是看似没有规律，可是仔细观察又可以看到某些信息是固定的，那么在填写这些信息时，如何利用"数据验证"功能进行限制呢？我们来看一个案例。

这个例子是一个填写特定编号的应用。填写编号信息时有两个要求：6至8位；第1位是"B"且第3位是"-"。如何把这样的条件填写在如图3-18所示的表单中呢？

因为是两个要求同时满足，所以应该用 AND 函数协助。这两个条件中，对位数的限制并不难，应用 LEN 函数配合即可。关键是如何限定某一位的信息，这里推荐一个指定字符函数 SEARCH。

来看操作，先选中要填写的单元格，然后在"数据验证"对话框的"自定义"栏中输入"=AND(LEN(B3)>=6,LEN(B3)<=8,SEARCH("B?-",B3)=1)"。

确定返回应用后，如果在单元格内没有按照规则填写，则会立即报错，如图3-19所示。

图3-19

 函数说明

公式"=AND(LEN(B3)>=6,LEN(B3)<=8,SEARCH("B?-",B3)=1)"中，在 AND 函数里有 3 个参数，前两个参数非常容易理解，就是让单元格满足">= 6"位和"<=8"位。第 3 个参数嵌套了 SEARCH("B?-",B3)=1，其中 SEARCH 函数是指定字符的函数，"B?-"就是在指定信息的前 3 位，第 1 位一定是"B"，第 2 为随意（? 为通配符），第 3 位一定是"-"，最后的"=1"是让结果成"真"，也可以写成"TRUE"。

3.8 功能拓展：限制填写数值信息，同时指定字符内容

前面的案例只是限制位数以及某位填写什么信息。其实，还能进一步严格规定在填写信息时一定要填写数值类型。

若只能填写数值类型，不能填写文本，只需在上面例子的 AND 函数中增加一个判断数值的条件即可。判断数据信息是数值还是文本，可以用这个信息能否乘以 1 而获知。如果是数值，用它乘以 1，还是数值本身；若是文本，用它乘以 1 后会立即出现"#VALUE"

错误。

　　看个例子，必须填数值 6 至 8 位，第 1
位是"1"且第 4 位是"6"。这样的限制如
何在数据验证中进行设置。

　　这些条件可用 4 个 AND 函数的参数说
明，在"数据验证"对话框的"自定义"中输入：
"=AND(B3*1,LEN(B3)>=6,LEN(B3)<=8,-
SEARCH("1??6",B3)=1)"，如图 3-20 所示。

图3-20

 函数说明

　　这个公式"=AND(B3*1,LEN(B3)>=6,LEN(B3)<=8,SEARCH("1??6",B3)=1)"和上面的例子
相比，多了一个"B3*1"参数，利用这个相乘的公式就可以确保信息是数值，因为只有数
值类型才能进行这样的四则运算，而文本会报错，导致整个公式出错。所以实际应用时，
这里不一定非要用 B3*1 公式不可，写成加减乘除任意一个数均可。

3.9　如何做出多级分类的效果

　　多级分类在 Excel 应用中有很强的实用性，且用途非常广泛。所谓多级分类，就是当
一级分类选择后，二级分类会随着一级的选择自动变化选项。如：部门一旦选择，人员
信息就变；银行一旦选择，银行账号就变；航空公司一旦选择，航空代码就变；产品名
称一旦选择，产品型号就变；省份一旦选择，城市名就变，等等。

　　下面通过一个完整的"二级
分类"案例让大家了解实操的全过
程。先来看一个完成后的效果，如
图 3-21 所示。

　　在这个例子中，左侧是基础
信息表，上方的标题行是每个省的
名称，下方对应的是每个省份所
属的城市。右侧是做出的两级分类

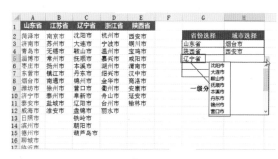

图3-21

效果，其中"省份选择"是一级分类，当省份确定后，右侧的"城市选择"就是二级分
类，会跟着左侧的省份自动变成对应的城市选项。

这种两级分类选择效果都要借助"数据验证"中"序列"的"下拉箭头"效果实现。其中制作一级分类选项没有难度，"序列"的数据源就是基础表上方的标题行。二级分类要想做到随着一级分类的变化自动调整内容，有多种方式实现，这里推荐大家运用"名称"和 INDIRECT 函数结合的方法。

下面详细介绍一下操作步骤，操作中有几个关键点一定要特别注意。

图3-22

❶ 第1个关键点是制作基础数据表，大家看清基础数据表的制作方式，一定是把一级分类（省份）放在第一行，当作列标题，在下方做出每个标题对应的二级分类文本（城市），如图3-22所示。

❷ 第2个关键点是要将每一个"省份"制作成"名称"。第1列是"山东"省和对应的城市，把连同"山东省"标题在内的所有城市全部选中，然后选择"公式"工具栏下"定义的名称"分类中"根据所选内容创建"命令，打开"以选定区域创建名称"对话框，在对话框中已经选中了"首行"选项，如图3-23所示。

图3-23

利用"名称"可以命名一个区域，然后在以后的计算或者应用时，便可以直接通过"名称"来引用这个区域。这种应用方式可称为"模块化"的应用，它的优势不仅是跨表引用，更重要的是可以和公式进行结合，形成"公式名称"，便于调取。

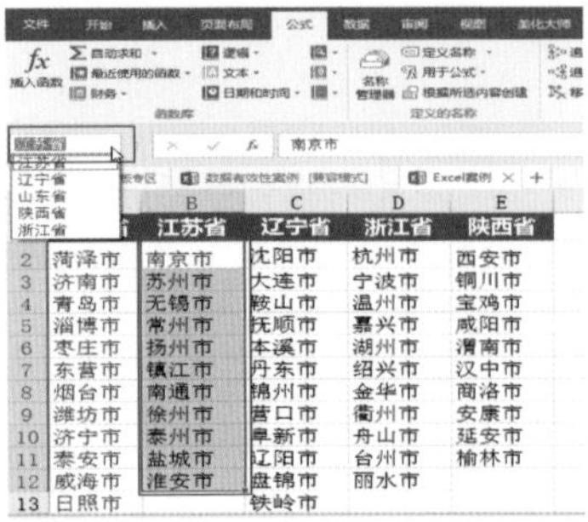

❸ 单击"确定"按钮后，"山东省"的名称就做好了，用同样的方法将后面每个省份都做一个名称。制作完成后，只要在这个工作簿的任意工作表中用鼠标单击"名称框"右侧的下拉列表，便可看到所有的"省份"命名，单击某个"名称"后，便可自动定位选择这个名称代表的区域，也就是对应下方的城市，如图3-24所示。

图3-24

❹ 每个省份的命名完成后，下面就来制作右侧的两级分类。先选择左侧要填写的"省份"单元格，制作一级分类。打开"数据验证"对话框，选择"序列"条件，然后在"来源"框中选择左侧基础数据表上方的所有"省份"标题，如图3-25所示。

图3-25

❺ 单击确定返回后，"省份"单元格中就可以利用下拉列表选择一级分类了。下面再选择右侧要填写的"城市"单元格，制作二级分类，再打开"数据验证"对话框选择"序列"条件，然后在"来源"框中输入函数"=INDIRECT(G3)"，如图3-26所示。

图3-26

函数说明

公式"=INDIRECT(G3)"的本义是返回字符串指定的引用，在这里可以简单地理解为提取一个"名称"所代表的区域内容。这个例子中，"G3"单元格中是一级分类"省份"信息，由于每个省份都是一个名称，所以只要G3单元格中的省份改变，就相当于名称发生了变化，这样后面的"城市"就可利用"INDIRECT"自动提取出不同的区域。

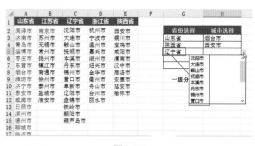

图3-27

❻ 确定后，由于目前一级分类"省份"没有填写信息，会提示有错误，询问是否继续？不用理会，确定应用即可。以后只要在"省份"分类中选择一个省份，后面的城市便会自动根据名称提取出相应的城市列表，一个两级分类的效果就完成了，如图3-27所示。

两级分类的效果做出后，大家想想能不能做出三级分类或多级分类效果呢？其实，只要将高一级的分类做成列标题，并命名，再把低一级的信息做成下方名称代表的区域，无论多少级都可以使用类似的方法制作出来。

大家看完这部分内容后，建议赶快打开Excel照葫芦画瓢尝试一下吧。

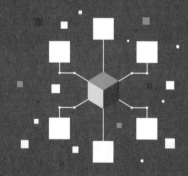

第2部分
Excel数据运算

你在大街上随机找人问，Excel最牛的功能是什么？估计所有的人都会在前 3 个回答中说出运算或者函数功能。没错，Excel运算和函数功能是这个软件的特长，在 Excel 2016 中，不算宏表函数和自定义函数，仅内置函数就有 11 大类共 400 多个。

这些函数涉及方方面面的运算，虽说有些难，但是操作规律基本统一，再加上 Excel 为这些函数配备了函数帮助和示例，很方便应用者学习。

> Excel的函数和运算功能只是一种手段，应用函数或运算的目的往往不是为了算而算，而是为了数据管理和数据分析。在本书介绍的第 1 部分 "Excel数据管理" 和第 3 部分 "Excel数据分析" 中，同样会使用大量函数和运算来进行协助。通过函数和运算，才能使数据管理更准确，让大数据分析更高效。

在本部分中，笔者把平时教学时学员的问题和实际工作中的问题归为几大类，分别是：日期的相关计算、身份证信息的相关计算、文本相关的计算、数据对比的相关计算、重复数相关问题、条件判断相关问题、数据汇总相关问题、数据查询相关问题和数据统计相关问题等。

这里将逐类介绍相关问题的解决方案，同时也方便大家按照类别检索相应的方法。每一类问题都有自己的解决套路，先把套路学会，再用这些套路去解决工作中的实际问题，你一定会找到 "酸爽" 的感觉。

第4章
日期的相关计算

日期信息在Excel基础表中属于非常重要的内容，日期信息若为规范和准确的，不仅可以单独应用（如：排序和筛选），还能相互进行运算，甚至提供数据分析的依据。

为了应对一些复杂运算，有一些基本的日期函数要首先了解一下。

TODAY函数

"=TODAY()"函数可提取当天的日期，准确地说，是提取电脑系统的日期，所以要想得到真实的日期，需要在应用函数前把系统日期调准确。由于是函数，每天打开电脑都可以让当天日期自动更新，在计算年龄或工龄时要用到。

NOW函数

"=NOW()"函数是当前的日期和时间，和TODAY函数不同之处在于还可以提取当前的系统时间。

YEAR函数

"=YEAR(计算的日期)"函数可以提取一个日期的年份，有时也借此来检测一个日期的真假，真日期可提取年份，假日期则报"#VALUE"错误。

MONTH函数

"=MONTH(计算的日期)"函数可以提取一个日期的月份，若知晓一组人员的出生日期，想了解他们的生日在哪个月，用这个函数配合来组织生日会是一个不错的选择。

DAY函数

"=DAY(计算的日期)"函数可以把一个日期的日（天）进行提取，在计算到期日的时候可以配合进行日的计算。

DATE函数

"=DATE(年,月,日)"函数是日期函数，只要知道"年"、"月"和"日"信息，就可以把它们快速合并成一个完整的日期信息。通常这个函数配合把计算或提取出来独立的年月日信息合并成一个结果日期。

先说这几个基本函数，其他的日期相关函数应用在案例中讲解时再介绍。

4.1 计算指定间隔后的到期日

给你一个起始日期，再给你一个时长，请问能否知道终止日期？把这句话翻译一下就是：知道入职日期，签署合同3年半，请问哪天到期？或者，知道生产日期，也知道保质期为30个月，请问哪天到期？这种到期日的相关计算问题在实际工作中相当普遍，其实，这类相关问题只需一个运算模型就可搞定。

 如果是计算相隔多少年多少月后的到期日，可以利用一个日期计算模型来快速得到结果，如果只是计算相隔多少天后的到期日，只需用日期直接相加。

来看个例子：员工入职日期在A1单元格，是2016年11月21日，签署3年半的劳动合同，请问到期日是哪天？

可用如下函数公式得到结果，如图4-1所示。

=DATE(YEAR(A1)+3,MONTH(A1)+6,DAY(A1)−1)

图4-1

函数说明

先用 YEAR 函数、MONTH 函数和 DAY 函数将日期中的年月日提取出来进行加减，再利用 DATE 函数对加减后的日期合并。由于是到期日，所以"日"通常要减去 1 天。

这个模型建立起来后，计算相关的日期结果都是一样的思路。

一个项目的开工日期是2017年2月10日（A1单元格），工期预计30个月，请问到期日是哪天？可用如下函数公式得到结果：

=DATE(YEAR(A1),MONTH(A1)+30,DAY(A1)−1)

这个模型通常适合年月变化后的到期日，若只是在"天"的变化后计算到期日，可直接用日期加天数计算出结果。

如：A1单元格存放了扫二维码后免费送300天意外伤害保险的扫码日，请问到期日是哪天？

可用如下函数公式得到结果：

=A1+300

 函数说明

日期在 Excel 内部就是以"天"的形式存储的，一个日期加一个数就是加在"天"上，所以会自动得到一个日期后多少天的新日期。

4.2 计算间隔工作日

我们去办很多事情的时候，是不是经常听到这种说法：我们会在15个工作日内处理完成。"工作日"是去除周末和节假日的工作天数。在Excel中有专门的函数来解决这类问题。

 "工作日"是去除周末和节假日的工作天数。在计算"工作日"时，对于日期区间包含的周六和周日，Excel是知道的，不用管它，但是日期区间中包含的节假日，Excel就没办法知晓了。因此，要先把节假日列表提前做出来。

我们以2017年4月1日到2017年6月30日这3个月为例，让Excel计算一下中间包含了多少个"工作日"。

首先把"开始日期"、"结束日期"和包含的"节假日"列表在Excel表中都填写好。2017年4月1日到2017年6月30日间有三段节假日，分别是"清明节"休假4月2日到4月4日，"五一劳动节"休假4月29日到5月1日，"端午节"休假5月28日到5月30日。

图4-2

在结果单元格中直接输入函数"=NETWORKDAYS(A2,A5,C2:C10)"，结果是包含了60个工作日，如图4-2所示。

函数说明

公式 "=NETWORKDAYS(A2,A5,C2:C10)" 有 3 个参数，第 1 个 A2 单元格是起始日期，第 2 个 A5 是终止日期，第 3 个 C2:C10 为事先书写在单元格中的假日列表。这样 Excel 会自动去除这个日期区间的周六、周日以及列表中的节假日。

得到结果后，有三点需要说明：

▶ 若填写的节假日也是周六或周日，Excel不会重复扣除，非常智能。

▶ 对于周六不休或休息日不是周六和周日等特殊情况，可借助四则运算来搞定：两个日期包含的总天数–两个日期间包括了几个星期几–节假日天数。（有关两个日期间包含了几个星期几的运算，可以参看后面的 "功能拓展" 内容。）

▶ 在计算工作日时，还要考虑有些 "节假日" 会借周末来放假的问题。

4.3　功能拓展：计算两个日期间包含多少个星期几

在实际工作中，进行日期计算时，由于每个人的需求都不一致，而且情况又非常复杂，所以有时很难用一个函数来直接解决问题。有时需要用到一些四则运算，对日期进行加减来得到结果。

下面要讲的这个日期计算本身没有太多作用，但是往往借助它和别的结果进行二次运算，便能化解很多工作中应用的难题。

给你两个日期，计算出期间包含了多少个星期几，这是个看似不实用的问题，但是利用这个结果可以配合计算特殊休假的工作日或休息日。

这里给大家一个运算模型，利用这个模型可以得到两个日期区间内从 "星期日" 到 "星期六" 任意星期几的个数。

=INT((WEEKDAY(开始日期 − 辅助数 , 2) + 终止日期 − 开始日期) / 7)

这个模型中的 "辅助数" 是 0 ～ 6 的一组整数，它的应用规则是：0 表示星期日，1~6 分别表示星期一至星期六。

通常需要先将 "开始日期"、"结束日期" 填写在单元格内，然后将 "星期日" 到 "星期六" 做出一个列表，后面添加对应的 "辅助数"，按照 "0 对应星期日，1~6 分别对应星期一至星期六规则" 排列。

在结果中输入 "=INT((WEEKDAY($A$2−D2,2)+$A$5−$A$2)/7)"，并填充复制到下面，如图 4-3 所示。

图4-3

函数说明

公式 "=INT((WEEKDAY($A$2-D2,2)+$A$5-$A$2)/7)" 是一个运算模型，这里面用到了 "WEEKDAY" 函数，来计算一个日期是星期几的函数，还用到了最终包含除后的 "INT" 取整函数，中间日期的加减运算是在计算 "星期几" 与 "日期区间" 差的天数 "和"。

4.4 计算相隔多个工作日后的日期

计算相隔多少天后的日期就是用日期直接加上天数，这是前面介绍过的。但是要是计算相隔多少个工作日的日期，就需要用函数来搞定。在函数应用之前，同样也需要将节假日先做出一个列表，以便让Excel在计算的时候把这些日期去除。

图4-4

在计算时最好先将 "计算开始日期" 写在单元格内，然后把这个期间的 "节假日" 做成一个列表。下面我们来计算一下 "70个工作日后的日期"：=WORKDAY(A2,70,C2:C10)，如图4-4所示。

 函数说明

公式 "=WORKDAY(A2,70,C2:C10)" 中第1个参数是 "计算开始日期"，第2个参数是多少个 "工作日"（如果往前推工作日，可以书写负数），第3个参数就是 "节假日" 列表。这样便可自动将 "开始日期" 后面的周六日及 "节假日" 自动去除，得到最终结果。

4.5 计算年龄和工龄

说到日期，HR部门的人就很容易衍生出用 "出生日期" 来计算年龄，或是用 "入职日期" 来计算工龄等话题。

日期类型在Excel中很特殊，如果是 "日期" 格式，会显示出一个日期效果，如果将它设置成 "常规" 格式，日期信息就会显示成一个数。这还要从1900-1-1那天说起，1900-1-1是Excel默认的第1天，所以若在单元格里输入 "1900-1-1"，再把它的格式改成 "常规"，便可以得到数字 "1"，就这样每过一天就加1，到2018年1月1日，便会显示成 "43101"，说明已经过了43101天。

既然日期是以"天"的形式存储的，把两个日期直接相减便可以得到两个日期间相差多少天了。在计算年龄时，可以按照这个思路用四则运算获得，也可以用函数直接计算。

在计算年龄时，需要用到TODAY函数，TODAY函数是可自动更新的当天日期，在计算年龄和工龄时正是需要随着每天的变化让年龄和工龄自动增长。

我们以计算年龄为例，看看下面的两种方法。

方法1：用四则运算计算年龄

用四则运算计算年龄的运算模型是：

= INT((TODAY()) – 出生日期) / 365.25)

以出生日期1988年10月9日为例，在计算这个人的年龄时，可以直接输入"=INT((TODAY()–A2)/365.25)"，如图4–5所示。

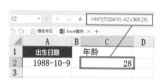

图4-5

 函数说明

公式"=INT((TODAY()-A2)/365.25)"中，用"TODAY()-A2"得到今天和生日相差多少天，用相差多少天除以 365.25，可以得到相差多少年（一年有 365 天，由于是 4 年为一个闰年，所以要除以 365.25），最后用 INT 函数"取整"得到最终的周岁年龄。

方法2：用DATEDIF函数计算年龄

DATEDIF函数是Excel内部的一个隐藏函数，用"插入函数"*fx*按钮或是在"公式"工具栏的函数中查找不到，需要完全自己输入函数名称，并根据规则填写参数。

DATEDIF函数的应用规则是：

图4-6

= DATEDIF(起始日期，终止日期，"计算相差的时长"）

在这个例子中，为了计算年龄，可直接在结果单元格中输入"=DATEDIF(A2, TODAY(),"y")"，如图4–6所示。

 函数说明

"=DATEDIF(A2,TODAY(),"Y")"中第 1 个参数是"出生日期"，第 2 个参数是"今天日期"，第 3 个参数写成"Y"表明要计算两个日期之间相差多少整年，也就是年龄。

这里再多介绍一下DATEDIF函数的第3个参数，这个参数专门用于指明两个日期之间计算的时长，它有6种不同的表达方式，最常用的就是Y，用来计算两个日期间相差的整年，其他几种表达方式请参看表4-1。

表 4-1 DATEDIF 时长参数说明

参　数	说　明
y	两个日期相差整年
m	两个日期相差整月
d	两个日期相差多少天
md	忽略月份和年份，只计算两个日期的天数差
ym	忽略日和年份，只计算两个日期的月数差
yd	只忽略年份，只计算两个日期的天数差

4.6　计算一个人的属相

　　一个人的"属相"和出生年份相关，极具中国特色。它由12种不同"属相"循环应用对应在年份中。本例介绍"属相"的应用还有一层含义，凡是在Excel中带有规律循环应用的时候，都可用这种思路来思考解决方案。

 　　在工作中，不同人对日期有不同的运算需求，有些问题Excel准备了相应的函数，但还有一些需要大家根据现有的函数再配合四则运算进行计算。下面介绍一些公式配合大家解决比较个性化的问题。

　　下面介绍的公式有些可理解记忆，有些在碰到问题后当作手册查阅，把公式当作模型套用即可。

　　例如，在A1单元格中存放人员的出生日期，那么属相的公式如下：

=CHOOSE(MOD(YEAR(A1)-4,12)+1,"鼠","牛","虎","兔","龙","蛇","马","羊","猴","鸡","狗","猪")

 函数说明

　　公式 "=CHOOSE(MOD(YEAR(A1)-4,12)+1,"鼠","牛","虎","兔","龙","蛇","马","羊","猴","鸡","狗","猪")" 中应用了 CHOOSE 函数，它的作用是根据序号进行选择。在序号中应用了 "MOD(YEAR(A1)-4,12)+1" 嵌套（MOD 函数是计算余数），原因是年份和属相的对应关系就是：用年份减去 4，除以 12 的余数加 1。

第5章
身份证信息的相关计算

个人身份证号码信息是每个人最重要的信息，也是HR等部门在管理人员信息时必须要存储的内容。身份证号码有几个显著的特性：唯一性、代码指向性和规律性。利用这些特点，就可以借助Excel查询和运算功能快速、准确地管理信息。只要输入了准确的身份证号码，就可自动获得人员信息的户籍所在地、出生日期、年龄、性别等重要内容。

5.1 身份证号码的组成和意义

身份证号码由18位组成，了解18位号码的组成规律是解决问题的关键。在书写身份证号码时一定要先把单元格的格式设置成"文本"，以避免变成科学计数法和受15位精度影响而丢失最后3位的情况发生。

 在Excel中要想解决问题，首先要找到规律，然后才能想到批处理的方法，哪怕是最后的VBA编程，也得找到规律才行。

18位身份证号码的编制规律如下：

（1）第1、2位数字：所在省份的代码。

（2）第3、4位数字：所在城市的代码。

（3）第5、6位数字：所在区县的代码。

（4）第7至14位数字：出生年月日。

（5）第15、16位数字：户口所在地派出所的代表号码。

（6）第17位数字：表示性别。奇数表示男性，偶数表示女性。

（7）第18位数字：校检码，代表个人信息，是根据前17位数字计算出来的。

作为最后一位校验码，是由前面17位的编号计算出来的，它由0至9十个阿拉伯数字和一个X共同组成。这里要特别说明，X是罗马数字的10，并不是大写英文字母（既然是身份证号码，所以不应有英文字母）。为什么会用到X？校验码是怎么计算出来的？如何用校验码来检验真伪？这些疑问请参看本节后面的内容。

例如，110108198711258522，在这个身份证号码中你看到了什么信息？

1101，北京市（直辖市前面4位表示市）；08，海淀区；1987年11月25日出生；852，此人为女士（尾数为偶数，代表女性）。

5.2 快速提取出生日期并计算年龄

出生日期是身份证号码中的第7到第14位，只要知道这个规律，用很简单的函数公式就可以直接从身份证号码中把出生日期提取出来。

在提取身份证号码的出生日期时，不要直接把第7到第14位这8位提取出来，直接提出的8位信息并不是真正的日期，无法计算年龄及用于后续的分析。应分别提取出"年"、"月"、"日"，再进行合并。

本节将完成一个大案例，这是一个典型的HR人员信息管理表单，这里先根据身份证号码计算出员工的出生日期和年龄，如图5-1所示。

No.	姓名	性别	户籍所在地	身份证号码	出生日期	年龄	身份证是否有效
				吉瑞天德培训公司员工信息表			
1	林海			110106198401185428			
2	陈鹏			21024119830118563X			
3	刘学蕊			320631196506189648			
4	张昆玲			110108198902208628			
5	黄曦京			450663196005237859			
6	王卫平			131005197901185457			
7	任水荣			513051198902178991			
8	张晓蜜			210258198307185574			
9	曾晓丹			513104198409177582			
10	许东东			330110199501184633			
11	陈莉			510130197907188941			
12	张和平			11010419741218647X			
13	王斌			210102198506184518			
14	李恩旭			310105198202175658			
15	王小明			310261199112207856			
16	胡海涛			220210196712015692			
17	庄风仪			150450197005074536			

图5-1

❶ 选中第1个人的"出生日期"单元格，然后输入下面的函数：

=DATE(MID(E3,7,4),MID(E3,11,2),MID(E3,13,2))

可立即将身份证中的出生日期提取出来，向下复制公式得到所有的结果，如图5-2所示。

图5-2

函数说明

"=DATE(MID(E3,7,4),MID(E3,11,2),MID(E3,3,2))" 是一个嵌套函数，其中的 MID 函数是提取文本功能，分别提取了身份证号码第"7"位开始的年，第"11"位开始的月和第"13"位开始的日。把信息提取出来后，再利用最外侧的"DATE"函数把年月日合并成一个日期。

❷ 提取完"出生日期"后，再来计算"年龄"，选中结果，然后输入下面的函数：

=DATEDIF(F3,TODAY(),"y")

可立即根据出生日期将第1个人的"年龄"计算出来，向下复制公式得到所有的结果，如图5-3所示。

图5-3

函数说明

"=DATEDIF(F3,TODAY(),"y")"是利用Excel的内部函数DATEDIF来计算年龄的，F3是"出生日期"单元格，TODAY()是可以自动更新的当天日期，""y""是计算两个日期间相差的整年。这个函数的应用在前面章节中做了详细介绍，大家可参看。

5.3 快速计算"性别"信息

性别信息是身份证号码的倒数第2位，奇数（单数）为"男"，偶数（双数）为"女"，所以只需要把该位数提取出来判断奇偶就能知晓性别。

 判断一个数是奇数还是偶数，可以把这个数除以2，然后查看余数，若余数是"1"，则是奇数，若余数是"0"，则为偶数。对一个数"取余"的方式可借助函数直接计算。

选中第1个人的"性别"单元格，然后输入下面的函数：

=IF(MOD(MID(E3,17,1),2)=1,"男","女")

可将"性别"计算出来，向下复制公式得到所有的结果，如图5-4所示。

C3			fx	=IF(MOD(MID(E3,17,1),2)=1,"男","女")		
		模板专区	Excel图例			

A	B	C	D	E	F	G
			吉瑞天德培训公司员工信息表			
No.	姓名	性别	户籍所在地	身份证号码	出生日期	年龄
1	林海	女		110106198401185428	1984-1-18	33
2	陈鹏	男		210241198301185633	1983-1-18	34
3	刘学燕	女		320631196506189648	1965-6-18	51
4	张昆玲	女		110108198903208628	1989-3-20	27
5	黄薇京	男		450663196005237859	1960-5-23	56
6	王卫平	男		131005197901185457	1979-1-18	38
7	任水寨	男		513051198902178991	1989-2-17	27
8	张晓雪	男		210258198307185574	1983-7-18	33
9	曾晓丹	女		513104198409177582	1984-9-17	32
10	许东东	男		330110199501184633	1995-1-18	22
11	陈莉	女		510130197907188941	1979-7-18	37

图5-4

 函数说明

"=IF(MOD(MID(E3,17,1),2)=1,"男","女")"是一个3层嵌套函数，最里面的"MID"函数是提取身份证号码中的第17位信息，"MOD"函数是"取余"函数，它的作用是把提取的第17位数和2相除计算出余数，最后用IF函数判断性别，若余数为"=1"，则是"男"，否则就是"女"。

5.4 快速查询户籍所在地

身份证号码最前面6位信息是户籍信息，其中前2位是省份代码，第3、4位是城市代码，第5、6位是区县代码。所以想了解一个人的户籍所在地，只要找到代码和城市的对照表，便可通过函数计算得知。

在实际生活中，有很多代码和信息是唯一对应关系，只要找到对应表，便可利用函数将对应的内容进行匹配。例如，通过"电话区号"获知地区；通过"航班代码"获知航空公司；通过"手机号段"获知运营商；通过"邮政编号"获知通信地区等。这些对应表可以发挥网络优势，在百度等搜索网站中下载。

省市编号	省市地区
1100	北京
1200	天津
1301	河北石家庄
1302	河北唐山
1303	河北秦皇岛
1304	河北邯郸
1305	河北邢台
1306	河北保定
1307	河北张家口
1308	河北承德
1309	河北沧州
1310	河北廊坊
1311	河北衡水
1401	山西太原
1402	山西大同
1403	山西阳泉
1404	山西长治
1405	山西晋城
1422	山西忻州
1424	山西晋中
1426	山西临汾
1427	山西运城
1501	内蒙古呼和浩特

图5-5

在操作时，首先必须找到"户籍地区"和"省市地区"的对照表，有了这个表后，下面的应用就简单了，如图5-5所示。

为了方便应用，可以将这个对照表复制到"人员信息表"的旁边。选中第1个人的"户籍所在地"单元格，然后输入下面的函数：

=VLOOKUP(LEFT(E3,4),J:K,2,0)

可将"户籍所在地"的内容匹配提取出来，向下复制公式得到所有的结果，如图5-6所示。

图5-6

"=VLOOKUP(LEFT(E3,4),J:K,2,0)"用了 VLOOKUP 函数和 LEFT 函数进行嵌套，LEFT 函数的作用是提取出身份证号码最左侧的 4 位数字代码，VLOOKUP 函数的作用是将这 4 位代码和对照表的"省市编号"进行匹配对应，匹配后便可提取出后面的"省市地区"信息。

5.5　如何判断输入的身份证号码是否正确

前面介绍了利用身份证号码计算出"出生日期"、"年龄"、"性别"和"户籍所在地"等信息。大家可曾想过，之所以能计算这么多内容，一定要有一个前提条件，那就是身份证号码是准确无误的。

利用前面章节介绍的"数据验证"功能，在"文本长度"条件中设置18位，便可防止在输入身份证号码时填写多于或少于18位内容（有关这部分内容，参看本书第1部分3.3节的介绍）。

在工作中，大多数情况下，身份证号码并不是输入到Excel中的，而是从后台数据库中导入而来。怎么判断导入的身份证号码信息正确与否？其实，用身份证号码的最后一位"校验码"就能测试身份证号码是否真实有效。

身份证号码的最后一位是"校验码"，这个"校验码"可不是随机生成的，而是利用前面十七位数字码，按照 ISO 7064:1983.MOD 11-2 标准计算出来的。所以判断身份证号码的真假，只需检查校验码的数值是否符合校验码的计算结果。

说到计算验证码，先得从一组加权因子说起，这组加权因子由17位数字组成，它的作用就是和身份证号码的前17位进行一一对应分别乘积。这组加权因子是固定不变的，不用死记，需要时可以从百度网站随时搜索下载使用。

加权因子：7、9、10、5、8、4、2、1、6、3、7、9、10、5、8、4、2

身份证号码的前17位和这组数一一对应分别乘积后，把所有的乘积求和，然后再除以11，得到余数。用得到的余数再和一个校验码对照表进行对比，便可得到校验码。

余数和校验码的对照表也是固定不变的，同样不用死记，需要时可以从百度网站随时搜索下载使用。

余数	0	1	2	3	4	5	6	7	8	9	10
校验码	1	0	X	9	8	7	6	5	4	3	2

举个例子，如果身份证号码是：110106198401185428。我们来看看最后一位"8"是怎么算出来的。

首先把前17位与加权因子的17位一一对应相乘，再把乘积求和：

$1×7 + 1×9 + 0×10 + 1×10 + 0×5 + 6×8 + 1×4 + 9×2 + 8×1 + 4×6 + 0×3 + 1×7 + 1×9 + 8×10 + 5×5 + 4×8 + 2×4 + 9×2 = 235$

然后用235÷11，得到余数4。

用余数4和上面的对照表对比，得到校验码应该是8，所以这个身份证号码的最后一位是数字8。

套路
　　若要检验身份证号码是否正确，可以把身份证号码的前17位根据校验码的规则进行计算，把得到的"校验码"结果和身份证号码的最后一位进行对比，看看是否完全一致。

　　道理搞清后，我们就来看看是怎么把这个运算机理运用到Excel中的，来检验一下填写的身份证号码是否正确。

❶ 首先要把身份证号码拆分成每个数字作为独立的一列。为了方便应用，可以把身份证号码一列信息单独复制到一张新表中，然后选中这一整列，打开"数据"工具栏的"分列"向导对话框，选择"固定宽度"选项，进入向导第2步。在每一位数字后单击，让每一个数字后出现分列黑线，如图5-7所示。

❷ 其他用默认选项，直接单击"完成"

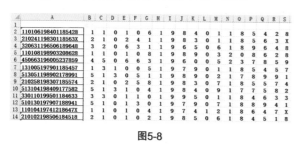

图5-7

按钮，可将身份证号码的每一个数字单独排放在一个独立的单元格中，为了方便对比，再把原始身份证号码复制一个放在前面观察，结果如图5-8所示。

图5-8

❸ 拆分身份证号码的目的是为了用每一个独立的数字与加权因子进行乘积求和，一旦拆分开后，便可在后面的单元格中输入函数"=SUMPRODUCT(B2:R2,{7,9,10,5,8,4,2,1,6,3,7,9,10,5,8,4,2})"，然后复制公式到下面的各个单元格，结果如图5-9所示。

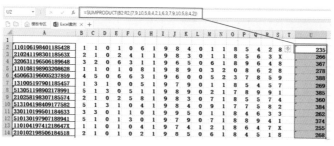

图5-9

✓ 函数说明

"=SUMPRODUCT(B2:R2,{7,9,10,5,8,4,2,1,6,3,7,9,10,5,8,4,2})"的作用是让两组数进行对应乘积，再把乘积求和。第1个参数是身份证号码中的每一个数，第2个参数是一个固定的数组（17个加权因子），用英文花括号包含。这样便可自动把两组数一一对应的乘积求和。

这个函数的作用是乘积求和（SUM函数是求和，PRODUCT函数是乘积，SUMPRODUCT就是乘积的和），用这个函数可以快速计算知道"单价"、"数量"的情况下求"总价"；高级应用时还可以统计条件计数，有关这部分的内容请参看本书9.3节的介绍。

❹ 下面要把这个结果除以11后计算余数，所以鼠标光标放在结果后的单元格中，输入"=MOD(V2,11)"，算出余数后，复制填充到下面各个单元格中，如图5-10所示。

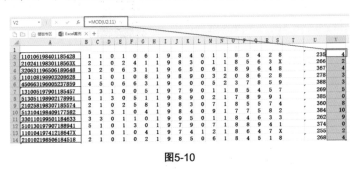

图5-10

❺ 余数算出来后，就可以和"校验码对照表"进行匹配对比，把校验码提取出来。为了方便应用，可把"校验码对照表"复制到旁边，然后在结果单元格输入"=HLOOKUP(V2,$E$16:$O$17,2,FALSE)"，得到结果，向下复制填充，如图5-11所示。

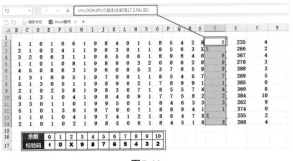

图5-11

✓ 函数说明

"=HLOOKUP(V2,$E$16:$O$17,2,FALSE)"起到匹配提取的作用，用V2单元格的内容匹配下方"校验码对照表"的第一行，找到对应数值后把第2行的信息"校验码"提取出来。这里提醒大家，一定要把"校验码对照表"$E$16:$O$17的地址做成绝对地址。

❻ 得到"校验码"后，便可增加一列空单元格，让计算出的"校验码"和前面身份证号码的最后一位进行匹对，看是否一致，从而知晓是否正确，输入"=S2=T2"，向下复制公式，如果一致，则显示"TRUE"，不一致则显示"FALSE"，如图5-12所示。

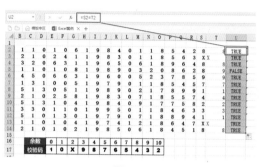

图5-12

❼ 把这个计算结果移植到"人员管理表"中，可把表单填写完整，如图5-13所示。

No.	姓名	性别	户籍所在地	身份证号码	出生日期	年龄	身份证是否有效
				吉瑞天德培训公司员工信息表			
1	林海	女	北京	110106198401185428	1984-1-18	33	TRUE
2	陈鹏	男	辽宁大连	21024119830118563X	1983-1-18	34	TRUE
3	刘学燕	女	江苏南通	320631196506189648	1965-6-18	51	TRUE
4	张昆玲	女	北京	110108198903208628	1989-3-20	27	FALSE
5	黄瑞京	男	广西防城港	450663196005237859	1960-5-23	56	TRUE
6	王卫平	男	河北廊坊	131005197901185457	1979-1-18	38	TRUE
7	任水滨	男	四川达川	513051198902178991	1989-2-17	27	TRUE
8	张晓壹	男	辽宁大连	210258198307185574	1983-7-18	33	TRUE
9	曾晓丹	女	四川雅安	513104198409177582	1984-9-17	32	TRUE
10	许东东	男	浙江杭州	330110199501184633	1995-1-18	22	TRUE
11	陈莉	女	四川成都	510130197907188941	1979-7-18	37	TRUE

图5-13

得到结果后，可立即看出哪个身份证号码在填写时有误，从而大大降低应用时的错误，避免了在管理人员信息时出现的各种问题。

这个案例是一个综合应用，里面涉及了众多知识点并运用了大量函数配合。建议读者打开Excel表，理解操作目的后进行同步练习，反复演练，对解决其他问题也会有很大帮助。

第6章
文本相关的计算

文本类型是Excel表中的三大类型之一，包含诸如编号、重复文本（分类文本）、不重复文本（序列文本）、前缀文本、后缀文本等信息。在Excel中，文本本身是不能计算的，但是围绕文本进行判断、提取、查询、统计等运算不仅提供了众多函数（Excel专门为"文本"分类提供了一组函数），而且还有很多操作经验和套路。

6.1 统计文本长度

判断和统计单元格中文本的长度（也就是字符个数）属于文本的基本应用，在实际工作中，直接统计单元格中文本长度的需求并不多，但是用统计的文本长度来配合解决其他问题却是非常常见的。

 统计文本长度并不是操作目的，而是一种手段。在很多地方都需要统计文本长度，如："数据验证"设置条件；提取文本；对文本"分列"；用函数"替换"文本等，都需要考虑文本长度的问题。所以可以这样说，当知晓了"文本长度"，就有了解决问题的一把钥匙。

统计文本长度就是统计文本个数，一般情况下可以直接应用LEN函数来计算。这个函数在统计字符长度时不区分中英文和全半角，只要是字符都进行统计。

=LEN（"abcd"）结果得"4"

=LEN（"中国"）结果得"2"

别看应用简单，其实在应用时有很多经验，比如，可以利用它统计字符个数的功能帮我们判断是否在单元格中输入了多余的空格。

有一组名单，如何知晓"姓名"文本后面有没有输入多余的空格？单元格最后的空格是看不到的，可用LEN函数配合统计字符个数来识别。

在表左侧是一列"姓名"字段，输入名字信息，可在右侧单元格中输入"=LEN(A2)"，得到第1个姓名单元格中的字符数，向下填充复制公式，如图6-1所示。

得到文本长度结果后，可以明显看到文字个数和计算出的字符长度不符。这样就可发现有问题的姓名。

图6-1

那么问题来了，三两个字咱们还是能看到计算的字符长度和文字个数不符，一旦单元格里不是姓名，而是产品型号或长编号等信息，就算得到了字符个数，也很难判断是否有多余空格，怎么破？

要解决这个问题，可用TRIM函数配合LEN函数来进行判断。

再加一个辅助列，然后输入函数公式"=LEN(A2)=LEN(TRIM(A2))"，完成后得到"TRUE"或"FALSE"结果，向下填充复制公式，如图6-2所示。

图6-2

函数说明

公式"=LEN(A2)=LEN(TRIM(A2))"是一个等式,等式左侧是 LEN 函数统计单元格字符个数,等式右侧先用 TRIM 函数去除多余空格,再用 LEN 函数统计去除多余空格后的字符个数,若等式成立,说明没有多余空格,显示"TRUE",否则,有多余空格则显示"FALSE"。TRIM 函数的其他应用请参看本书 3.5 节。

LEN函数是不区分全、半角的，只要是文字，无论是中英文还是特殊字符，都会记录文字个数。

如果需要按字节统计文本长度，可以使用LENB函数。通俗地说，就是1个中文字或全角字符存储时占2B空间，因此，LENB的结果是2，而对于1个英文字符或半角字符，LENB的结果还是1。LENB函数的用法和LEN函数相同，这里不再赘述。

6.2 清除文本中多余的空格和非打印字符

在Excel中，多余的信息都是无效信息，其中以多余空格和多余非打印字符较为常见，这两种字符一旦出现在信息中，都会为今后的数据查询和分析带来麻烦。

　　　　清除多余的信息用函数操作还是用Excel的"替换"功能，是很多人在应用前反复思考的问题，其实如果是多余空格（不是所有的空格）或是不固定的非打印垃圾字符，用函数比"替换"功能更方便。

6.2.1　用TRIM函数去除多余空格

	A	B	C
1			
2		Thanks a lot.	没有多余空格
3			
4		Thanks a lot.	中间多一个空格
5			
6		Thanks a lot.	前面多一个空格
7			
8		Thanks a lot.	前面、中间、最后均多一个空格

图6-3

　　在本书3.5节和6.1节中都用到了TRIM函数，这个函数最大的优势就是删除多余空格，绝不"滥杀无辜"。

　　在图6-3所示的案例中，我们可以看到4句英文短句，只有第1个短句没有多余空格，而后三个短句都有多余不合法空格。

　　若要清除这些多余空格，只需直接使用TRIM函数，便可将这些空格一网打尽，函数非常简单，就是对谁清除，就把信息或单元格地址当作参数，清除完的效果如图6-4所示。

6.2.2　用CLEAN函数去除非打印无效字符

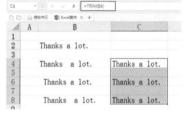

图6-4

　　从很多网站后台的一些数据库中导入数据到Excel后，会出现一些肉眼看不到，但是在信息中又存在的"非打印无效字符"，这些字符往往一开始不容易被察觉，等到用这些信息做文本匹配或分析时，就会导致错误的发生。

　　Excel提供了CLEAN函数，是专门对付这些非打印字符的。例如，在A1单元格中的内容是"□Thanks a lot."，前面的"□"属于"非打印无效字符"，要去除这个符号，只需输入"= CLEAN(A1)"，便会自动得到"Thanks a lot."

	A
1	姓名
2	林　海
3	陈　鹏
4	刘学燕
5	张昆玲
6	黄璐京
7	陈　莉
8	王卫平
9	王　斌
10	任水滨
11	张晓寰

图6-5

6.3　用SUBSTITUTE函数删除所有的空格

　　在管理信息时，有时上下单元格的内容字数不同，表面上会给人一种参差不齐的感觉，所以有些人为了让文本对齐，在填写信息时，就人为加了很多空格在中间，如图6-5所示。

　　遇到这种情况时，如果使用前面介绍的TRIM函数，只能清除中间的多余空格，即保留中间的一个合法空格。所以建议大家使用SUBSTITUTE函数来配合清除所有的空格。

 如果要对单元格内容进行替换，明确替换的字符是什么内容，但不确定字符在文本中的位置，首先想到的就应该是 SUBSTITUTE 函数。

SUBSTITUTE函数是替换函数，和Excel本身的"替换"功能相比，它的优势在于替换文本信息时可以指定替换/查找到的第几个字符，而且函数更方便指定查找的单元格区域，避免了"滥杀无辜"的情况。

在图6-6中，应用了TRIM和SUBSTITUTE两个函数，其中TRIM函数清除了中间的多余空格，保留了一个合法空格，而用SUBSTITUTE函数则将所有的空格全部清除，=SUBSTITUTE(A2," ","")。

图6-6

 "=SUBSTITUTE(A2," ","")" 是替换函数，当前应用了 3 个参数，第 1 个是替换哪个单元格，第 2 个参数是"查找"文本字符（输入 " "，就是查找空格），第 3 个参数是"替换"的文本字符（输入 ""，就是替换成空，即删除空格）。

6.4 用SUBSTITUTE函数替换指定字符

SUBSTITUTE函数共有4个参数，前面的案例是替换所有的空格，所以只使用了前3个参数，第4个参数忽略了。第4个参数的作用是指定替换/查找到的第几个字符，在工作中也非常实用。

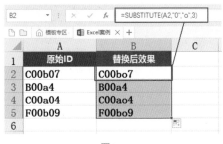

图6-7

例如，将"原始ID"信息中第3个"0"替换成字母"o"，可直接在"原始ID"信息后输入"=SUBSTITUTE(A2,"0","o",3)"，即可把文本中的第3个"0"自动删除，如图6-7所示。

函数说明

"=SUBSTITUTE(A2,"0","o",3)"中最后一个参数是指定替换／查找到的第几个字符，由于指定成"3"，所以可自动将"原始ID"中第3个"0"替换成字母"o"。

6.5 用REPLACE函数替换文本

Excel中还有一个具有替换功能的REPLACE函数，它不像SUBSTITUTE函数那样，先查找符合条件，再替换，而是指定位置的替换，这样就可以对不固定的信息做统一替换，甚至还有在指定位置统一"插入"固定信息的作用。

图6-8

看个例子，在一个"原始ID"中，信息第4到第7位填写了不同的字符信息，现在要统一将其改变成"No"字符。由于要替换的字符位置是统一的，所以应该使用REPLACE函数。选中"原始ID"后面的结果单元格，输入"=REPLACE(D9,4,4,"No")"，然后向下复制，如图6-8所示。

 函数说明

"=REPLACE(D9,4,4,"No")"起到替换作用，由4个参数组成，第1个参数是替换单元格，第2个参数是说明从第几个字符开始替换（从第4个开始），第3个参数是说明替换几个字符（本例替换4个字符），第4个参数是说明要替换成什么文本（本例指定为"No"字符）。

借助REPLACE函数还能够指定从第几个字符开始替换，这样就可以实现并不替换字符，而只是在某个位置统一"插入"固定的信息。

例如，在"原始ID"中，目前是连续书写了6位编号，现在要在第3位开始添加一个固定的"－No:"字符串内容。选中"原始ID"后面的结果单元格，输入"=REPLACE(A2,3,,"－No:")"，然后向下复制，如图6-9所示。

图6-9

 函数说明

"=REPLACE(A2,3,,"-No:")"中第2个参数是说明从第几个字符开始替换（从第3个开始），第3个参数是说明替换几个字符（本例省略，就说明不是替换，而是插入固定信息），第4个参数是说明要替换成什么文本（本例指定为"-No:"字符）。

6.6 提取文本中的数字信息

在Excel中常用的提取文本中字符的函数有三个，分别是LEFT、RIGHT和MID函数。这三个函数的作用是分别从文本的"左侧"、"右侧"和"中间"进行字符提取。在本书前面的章节中，为了解决不同的问题，分别使用了这三个函数。

在一批信息中，若提取的文本在固定位置，提取位数也是一致的，这种规律性很强的文本提取对这三个函数来说是轻而易举的事情，但是要提取的信息位置不固定或没有规律，就得认真分析了。

 如果要提取的信息位置不固定或是看不到位数上的规律，此时不应急着放弃提取功能，要仔细找寻有没有其他的规律可以协助配合，看看字符本身的规律（字母和数字或是中文和英文、全半角等）。

看一个真实案例，数据如图6-10所示，欲得到后面的ID数字，怎么解？

表面上看不到规律，ID数字的位置不固定，位数也不一样多，前面的前缀中英文混杂，ID编号本身十分凌乱。但是仔细观察后大家是否看到了字符本身的规律？前面是中英文字符或是标点符号，而后面的是数字字符。

原始ID
No：090012
产品 0800438
ID.3020111
Code:970105
产品 311921
ID. 050807

图6-10

这也算规律？当然！

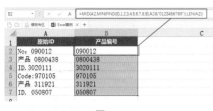

图6-11

利用Excel的查找函数是可以找到数字的，只要找到第1个数字的位置，再把后面的信息全提取出来，即可解决问题。

选择结果所在的单元格，输入"=MID(A2,MIN(FIND({0,1,2,3,4,5,6,7,8,9},A2&"0123456789")),LEN(A2))"，再把得到的结果向下复制，如图6-11所示。

 函数说明

"=MID(A2,MIN(FIND({0,1,2,3,4,5,6,7,8,9},A2&"0123456789")),LEN(A2))"是一个多函数嵌套的计算。

先看看其中最重要的"FIND({0,1,2,3,4,5,6,7,8,9},A2&"0123456789")"，这里使用了两个参数，第1个是查找信息，本例使用了一个数组{0,1,2,3,4,5,6,7,8,9}，说明是要查找 0 ~ 9这10个数字；第 2 个参数是在哪里查找，本例使用了 A2&"0123456789"，说明是查找 A2 单元格中所有的字符，再加上 0 ~ 9 这 10 个数字，后面加上 0 ~ 9 这 10 个数字的目的是确保 0 ~ 9 这 10 个数字都出现在要查找的单元格中，否则要查找的数字在 A2 单元格中一旦没有，便会报出结果错误。

用最小值函数 "MIN(FIND({0,1,2,3,4,5,6,7,8,9},A2&"0123456789"))" 配合，即可得到第 1 个数字是 A2 单元格的第几位信息。

最后用 "MID(A2,MIN(FIND({0,1,2,3,4,5,6,7,8,9},A2&"0123456789")),LEN(A2))" 提取 A2 单元格内容，从第 1 个数字开始的位数提取，一共提取 A2 单元格所有文字的个数（这里其实只要填写大于数字位数的一个数即可，本例用 LEN(A2) 函数就是确保提取的数大于数字的个数）。

6.7 把中文和英文、数字分离

再来看个问题，"原始信息"中把卖场信息和产品信息书写在一起了，如图6-12所示，中间没有任何分隔符，能否将它们拆分成两个字段？

还是那句话，先找规律。规律就是中文在前，英文字母和数字在后面。现在要做的就是把中文和英文字母分开。

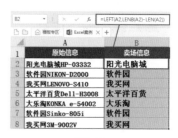

图6-12

1 个中文字符在存储时占 2 字节，称为全角字符；而 1 个英文字母或数字在存储时占 1 字节，称为半角字符。利用全角字符和半角字符的差异，就可以将信息进行拆分。

先来提取"卖场信息"，信息在每个单元格左侧是中文，每个字占两字节。利用这些特点作为规律，在结果单元格中输入 "=LEFT(A2,LENB(A2)-LEN(A2))"，然后将结果向下复制，如图6-13所示。

图6-13

函数说明

"=LEFT(A2,LENB(A2)-LEN(A2))"表示从左侧提取文本，第 1 个参数是提取 A2 单元格内容，第 2 个参数是提取多少位，本例应用了 "LENB(A2)-LEN(A2)" 嵌套计算。

LENB 函数可以把 1 个全角文字统计成 2 位的函数，所以 LENB(A2) 计算出"中文"字符数 ×2+ 英文和数字的字符位数。而 LEN 函数不区分全半角字符，有一个字符就统计一位。所以 LENB(A2)-LEN(A2) 就得到了中文的字符数。

再来提取"产品信息",信息在每个单元格右侧为英文或数字字符。在结果单元格中输入"=RIGHT(A2,LEN(A2)*2-LENB(A2))",然后将结果向下复制,如图6-14所示。

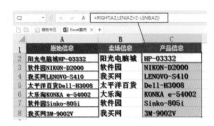

图6-14

 函数说明

"=RIGHT(A2,LEN(A2)*2-LENB(A2))"表示从右侧提取文本,第 1 个参数是提取 A2 单元格内容,第 2 个参数是提取多少位,本例应用了 LEN(A2)*2-LENB(A2) 嵌套计算。

LEN(A2)*2 是将中文和英文数字一共多少个字符 ×2,LENB(A2) 是计算出"中文"字符数 ×2+ 英文和数字的字符位数。所以 LEN(A2)*2-LENB(A2) 就是英文和数字在整个单元格中的位数。

这个例子做完后,是不是找到了"奥数"的感觉?找到规律后,再去想解决方法,就算以前不知道有一些函数的存在,借助现在的资讯手段,掌握它们并不是多难的事。

6.8 将多个区域的文本合并

一提到文本合并,大家想到一定是"&"或是CONCATENATE函数,这两个都是文本合并的功能,当单元格或是合并的内容不多时,用"&"方便;当需要合并的单元格内容很多,较为零碎时,用CONCATENATE函数较为方便。

这两个方法都能够将单元格内容或固定文本进行合并,但在实际工作中,这两个方法还有很大的局限性。看下面的例子,如图6-15所示。当填写信息时,把"姓"和"名"书写成了两个独立的字段,现在要把这个表单的姓名在Word文档中进行应用。希望得到"姓名,姓名"的效果。

如果使用以前的方法,就会非常麻烦,需要先把每个人的姓名合并,再把所有人的姓名与","合并,没有数组的帮忙,人员信息一旦增加,工作量就会很大。

图6-15

这里向大家介绍Excel 2016新增的两个函数,一个是CONCAT,另一个是TEXTJOIN,这两个函数都可以做到按区域合并字符,高效地解决类似相关的问题。

6.8.1 用CONCAT函数实现区域合并字符

CONCAT函数是Excel 2016新增的函数，它可以实现将一个区域的字符自动合并。在这个例子中，最终要把"姓名"合并在一起，并且在姓名间添加"，"字符，所以在合并前需在"姓"和"名"字段后添加一列辅助列，并在第1个格里输入"，"字符，向下填充复制至倒数第2个格，如图6-16所示。

做成这个效果后，便可在结果单元格中使用CONCAT函数了，直接输入"=CONCAT(A2:C8)"，便可立即得到结果，如图6-17所示。

图6-16   图6-17

函数"=CONCAT(A2:C8)"的作用是区域合并，参数是一个区域 A2:C8，它会自动将这个区域按行合并，所以会一行一行地将字符合并至结果单元格。

图6-18

CONCAT函数中也可以是多参数，每一个参数就是一个合并区域，所以一旦是多参数应用，函数会先将一个区域的字符合并完成，再合并下一个区域的字符。

来看个例子，大家就明白了。在图6-18中有3列信息，如果利用函数"=CONCAT(A1:A8, B1:B8,C1:C8)"，就可以实现先将每个区域的字符合并，再合并下一个区域的效果。

6.8.2 用TEXTJOIN函数批量合并字符

TEXTJOIN函数也是Excel 2016新增的函数，它的特点是在合并字符的同时，指定添加的"间隔符"，这样就不是简单的单元格内容合并，而是合并的同时可在字符间任意添加指定的间隔符号。

举例说明，如果"姓名"信息写在了一个单元格中，现在要把姓名合并，并在中间添加","字符，最终形成"姓名，姓名"的效果。

在这里无须添加辅助列，只要在结果单元格中直接输入"=TEXTJOIN(",", TRUE, A2:A8)"，便可立即得到想要的结果，如图6-19所示。

图6-19

 函数说明

函数"=TEXTJOIN(",",TRUE,A2:A8)"是由 3 个参数组成的。第 1 个参数是指定文本合并的间隔符，本例用了 ","说明姓名之间添加","字符；第 2 个参数是"TRUE"，说明忽略合并字符中的空单元格；第 3 个参数是要合并的字符区域，本例是所有的"姓名"字符。

如果合并的是一个区域，还能发挥这个函数可以添加"分隔符"的功能，把函数应用得非常灵活。看一个例子，如图6-20所示。

图6-20

这个例子中是一个表单，最终的结果是要把每个人的信息先合并，再合并下一个人的信息，而且每个人的信息中间要添加","分隔，人员和人员中间用";"分隔。由于分隔符不一致，所以在应用时，可以在下方添加一行信息，专门存放各自的"分隔符"，然后书写函数"=TEXTJOIN(A7:C7,TRUE,A2:C6)"。输入完成后，得出结果如图6-21所示。

图6-21

 函数说明

函数"=TEXTJOIN(A7:C7,TRUE,A2:C6)"中的第 1 个参数是指定"分隔符"，也就是在表单下方添加的辅助信息，在"姓名"和"性别"下方添加了","字符，而在"年龄"下方添加了"岁；"字符，这样便可使每个人的信息中间添加","，而"年龄"的后面自动添加"岁；"的字符。第 2 个参数是"TRUE"，说明忽略合并字符中的空单元格。第 3 个参数是要合并的字符区域，本例是所有的信息。

6.9 文本中包含信息的频率统计

统计一个单元格里某个信息出现的频率也是一类常见的问题。例如，在图6-22中，如何统计每天各个产品的销售数量，就是典型的统计文本信息的频率。

	A	B	C	D	E
1	日期	销售产品	Y-1	Y-2	Y-3
2	2017-5-11	Y-1，Y-4，Y-3，Y-1，Y-2，Y-1			
3	2017-5-12	Y-2，Y-3，Y-1，Y-1，Y-3			
4	2017-5-13	Y-1，Y-2，Y-3，Y-1，Y-2，Y-2			
5	2017-5-14	Y-1，Y-1，Y-2，Y-1			

图6-22

在填写原始信息时，若能将各个产品分列排放，就可以用简单的计数函数直接计算，但如果像本例这样存储信息，就要用文本长度函数嵌套完成。

这里先给大家介绍一个解题思路：想统计哪个字符串的频率（出现的次数），就用这个字符串在单元格中所占的字符总长度除以字符串本身的字符数（包含除）。即：字符串出现的总长度 / 字符串长度 = 重复的次数。

关键是怎么计算"字符串出现的总长度"呢？放个大招：用替换函数把要统计的这个字符串先全部替换成空（也就是删除），然后利用原来的单元格文本长度减去替换后（删除后）的字符长度，就得到了"字符串所占的总长度"。即：原始单元格字符总长度 – 字符串全部替换成"空"后的字符长度=字符串所占的总长度。

有了思路后，就直接在"Y-1"的单元格里输入函数"=(LEN($B2)-LEN(SUBSTITUTE($B2,C$1,"")))/LEN(C$1)"，如图6-23所示。

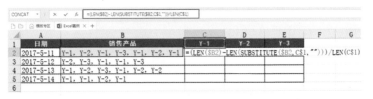

图6-23

  函数说明

公式"=(LEN($B2)-LEN(SUBSTITUTE($B2,C$1,"")))/LEN(C$1)"的前面部分用了两个LEN函数相减，(LEN($B2)-LEN(SUBSTITUTE($B2,C$1,"")))。其中第2个LEN(SUBSTITUTE($B2,C$1,""))正是在计算把"Y-1"替换成空后的单元格字符数。用LEN($B2)计算总字符位数。相减后得到"Y-1"这个字符串在单元格中所占的总字符长度。最后除以"Y-1"的长度，得到出现的次数。

在输入函数时，因为最终的结果要横向和纵向分别复制填充，所以在书写函数公式时，要充分考虑单元格地址是否需要在“列标”或“行号”前添加“$”，以确保准确。

函数公式完成后，填充复制结果，如图6-24所示。

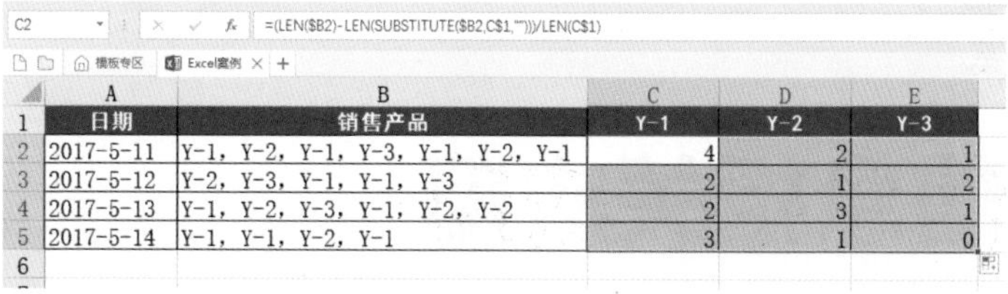
C2
=(LEN($B2)-LEN(SUBSTITUTE($B2,C$1,"")))/LEN(C$1)
模板专区
Excel案例

	A	B	C	D	E
1	日期	销售产品	Y-1	Y-2	Y-3
2	2017-5-11	Y-1，Y-2，Y-1，Y-3，Y-1，Y-2，Y-1	4	2	1
3	2017-5-12	Y-2，Y-3，Y-1，Y-1，Y-3	2	1	2
4	2017-5-13	Y-1，Y-2，Y-3，Y-1，Y-2，Y-2	2	3	1
5	2017-5-14	Y-1，Y-1，Y-2，Y-1	3	1	0
6					

图6-24

这又是一个综合案例，操作中运用了本章所学的很多知识点。当然，更重要的是真正理解解题套路，这样在碰到类似的问题时，才能灵活应对。

第7章
重复信息相关应用

Excel中重复的信息多种多样，小到单元格内的字符，大到整张Sheet表单，从书写信息到操作步骤，都有很多重复应用的技巧，要是了解了这些套路，其操作效率就会大大提高。

对重复信息的应用不全是计算的功能，有很多快捷键和操作经验，为了方便读者和学员按分类检索学习，故将重复信息相关的应用都放在本章一起介绍。

7.1 怎样快速填写一列中的重复信息

我们一般把一列中重复出现的文本称之为分类文本，在填写分类文本时，复制/粘贴是很多人唯一的"技巧"。其实有很多技巧可以配合应用，我们来看看下面的应用。

7.1.1 快速填写已有的重复信息

在图7-1所示的例子中，"部门"字段中已经填写了一部分内容，下面又添加了一些新员工信息，如何把已有的部门内容填充到新员工的"部门"中，是下面要解决的问题。这种快速填写已有的重复信息可以借助快捷键来完成。

操作时，把鼠标光标放在第1个要填写的空单元格中，然后用Alt+↓组合键，即可调出下拉列表，在列表中列出了前面出现过的每

	A	B	C	D	E	F	G
1	编号	工作证号	姓名	部门	性别	年龄	销售额
2	0001	BJX142	王继锋	开发部		24	¥7,888
3	0002	BJX608	齐晓鹏	技术部		31	¥7,777
4	0003	BJX134	王晶晶	技术部		28	¥1,200
5	0004	BJX767	付祖荣	市场部		25	¥2,300
6	0005	BJX768	杨丹妍	市场部		27	¥1,400
7	0006	BJX234	陶春光	测试部		29	¥1,800
8	0007	BJX237	张秀双	财务部		37	¥2,200
9	0008	BJX238	刘炳光	财务部		27	¥1,900
10	0009	BJX401	林浩			26	3220
11	0010	BJX557	陈鹏			31	6890
12	0011	BJX389	刘学燕			27	1290
13	0012	BJX722	张昆玲			41	2100

图7-1

一个部门的内容，如图7-2所示。

按↓键选择选项，再按Enter键确认，便可将信息填写在单元格中。然后用↓键将光标移动到下一个单元格……如此循环便可将所有的"部门"分类信息快速填写。

图7-2

 操作提示

　　按 Alt+↓ 组合键调出下拉列表选择前面的信息时有 3 个操作前提：①一定是"文本"类型信息才能用快捷键调出列表选择，"数值"和"日期"类型不可用；②应用时需一个接一个顺序填写，如果中间有一个空单元格，则列表不会出现；③分类的文本信息数量不多，如果在 10 个以内，调出列表进行选择还是很方便的，要是分类列表信息太多，便不易查找。

7.1.2　快速填写空单元格中的重复信息

再来看看"性别"分类信息的填写，"性别"信息只有"男"、"女"两种，在填写时有多种方法。为了让大家多学一个操作技巧，在此用两种方法分别填写"男"、"女"信息。

先来看看如何填写"男"。

在第1个填写"男"的单元格中用键盘录入"男"，再通过鼠标单击选中，选中后再用Ctrl键把"性别"中其他需要填"男"的单元格也"跳选"好，如图7-3所示。

直接按Ctrl+D组合键便可将第1个"男"的内容复制填充到其他"跳选"好的单元格中，如图7-4所示。

姓名	部门	性别	年龄	销售额
王继锋	开发部	男	24	¥7,888
齐晓鹏	技术部		31	¥7,777
王晶晶	技术部		28	¥1,200
付祖荣	市场部		25	¥2,300
扬丹妍	市场部		27	¥1,400
陶春光	测试部		29	¥1,800
张秀双	财务部		37	¥2,200
刘炳光	财务部		27	¥1,900
林海	财务部		26	3220
陈鹏	测试部		31	6890
刘学燕	开发部		27	1290
张昆玲	技术部		41	2100

图7-3

姓名	部门	性别	年龄	销售额
王继锋	开发部	男	24	¥7,888
齐晓鹏	技术部	男	31	¥7,777
王晶晶	技术部		28	¥1,200
付祖荣	市场部	男	25	¥2,300
扬丹妍	市场部		27	¥1,400
陶春光	测试部		29	¥1,800
张秀双	财务部	男	37	¥2,200
刘炳光	财务部	男	27	¥1,900
林海	财务部		26	3220
陈鹏	测试部	男	31	6890
刘学燕	开发部		27	1290
张昆玲	技术部		41	2100

图7-4

操作提示

　　Ctrl+D 组合键可以理解成是一种不经过"剪贴板"的复制应用，在操作时有两点注意事项：①一定要先选中填好内容的单元格，再按 Ctrl 键把其他需要复制的单元格也"跳选"好；②操作时要在同一列中进行，Ctrl+D 组合键的复制功能不能跨列进行。

填完"男"信息后，下面填写"女"。

将整个"性别"的单元格全部选中（注意不要选列号，而要选中单元格），然后选择"开始"工具栏"查找和选择"选项中的"定位条件"命令，打开对话框后选择左侧的"空值"条件，如图7-5所示。

确定后，会自动将所有的"空值"（也就是当前"性别"中所有的空单元格）选中，使用键盘输入"女"，会在活动单元格中出现，然后用Ctrl+Enter组合键确定，便可在所有选中的空单元格内将"女"填充完成，如图7-6所示。

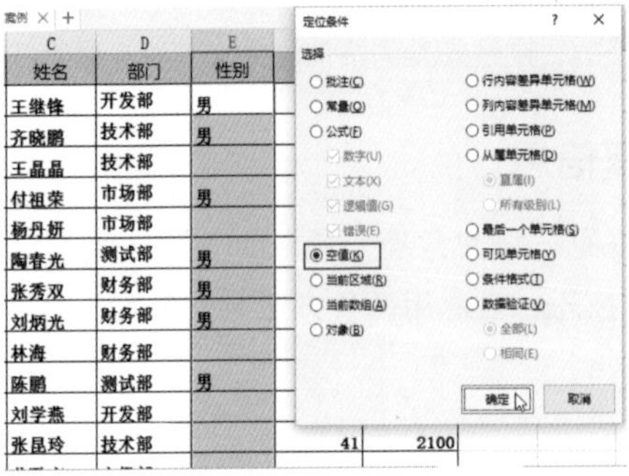

图7-5

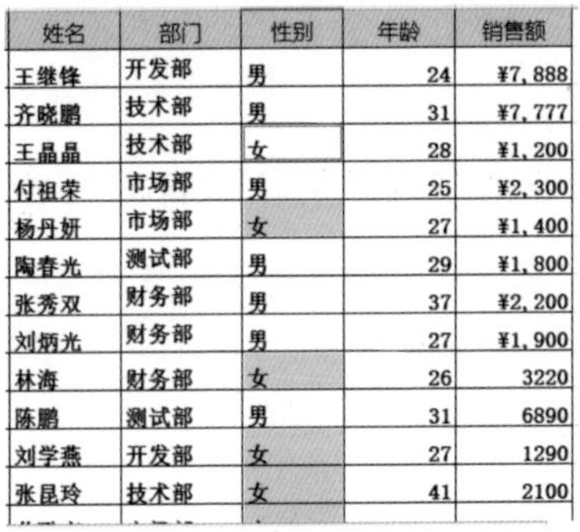

图7-6

操作提示

利用 Ctrl+Enter 组合键可将活动单元格内的信息快速复制填充至选中的所有单元格中，此法在同一列或不同列中均可应用。在实际工作中，在不相邻的单元格里填写相同的内容，用这种方法快速复制填充比复制/粘贴方便得多。

7.2 功能拓展：把单元格中的空值变0值

前面应用了"定位"功能和Ctrl+Enter组合键把性别信息进行了快速填写，这种套路要是学到手，可以应用在很多地方解决不同的问题。

单元格为"空"和单元格为"0"是两个不同的概念，尤其是在分析数据时，空单元格和0值单元格可以让分析的结果有着天壤之别。

看个例子，图 7-7 所示的是一个"观测值"的表，表中前面是 3 次"观测值"，而最后一列是前面 3 次观测值的"平均值"分析结果。

可以看到，函数中已经包含了所有的 3 个"观测值"单元格（B24:D24），但是由于"观测值"

图7-7

中有空单元格，导致最终的结果依然是错误的（Excel认为空单元格不参与计算）。

下面把"空单元格"快速更改成"0"值。

全选"观测表"中的所有单元格，然后打开"查找和选择"中的"定位条件"对话框，选择左侧"空值"条件，如图7-8所示。

确定后，会自动将所有的"空值"（也就是当前"观测值"表中所有的空单元格）选中，用键盘输入"0"，然后用Ctrl+Enter组合键确定，便可将空单元格都填充为"0"，如图7-9所示。

图7-8 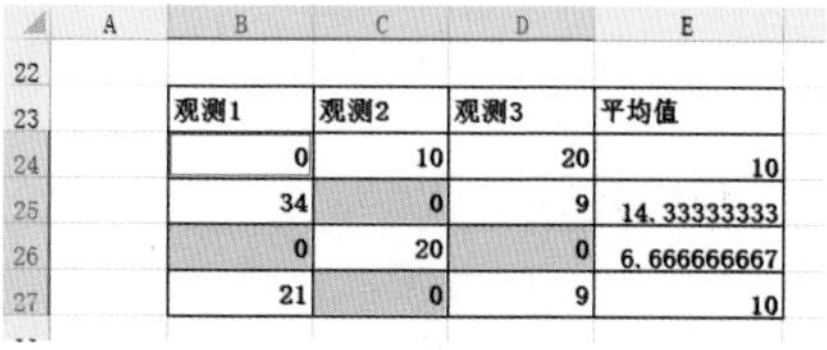 图7-9

7.3 相同的批注信息快速重复添加

利用"批注"功能可以在单元格中添加"注解"、"批示"或"说明"文字。"批注"信息可以在"审阅"工具栏中通过"插入批注"添加，如图7-10所示。

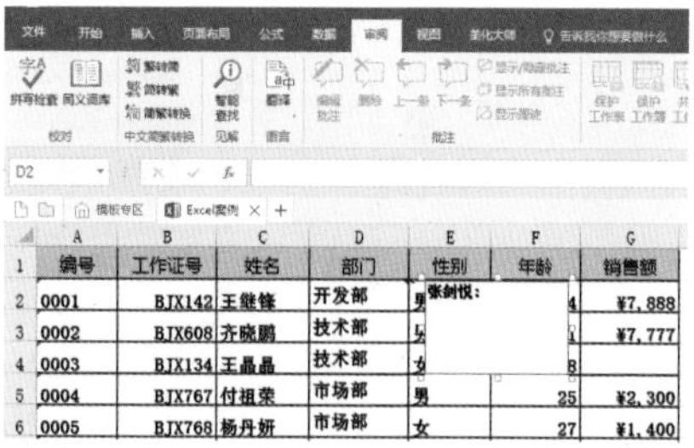

如果不同单元格中"批注"的内容是相同的，那么便可用下面的方法快速复制。

❶ 把插入的"批注"内容修改成所要的文字，如图7-11所示。

图7-10

❷ 对这个单元格进行"复制"，然后按住键盘上的Ctrl键配合鼠标"跳选"好需要添加相同批注的其他单元格。再利用鼠标右键或Ctrl+Alt+V组合键打开"选择性粘贴"对话框，选择左侧的"批注"选项，如图7-12所示。

图7-11

❸ 确定后，可以看到所有选中的单元格中都出现了相同的批注内容，如图7-13所示。

图7-12

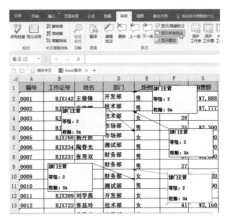

图7-13

操作提示

批注是进行 Office 多人协作时重要的功能，在应用前，应先在"Excel选项"对话框中将"用户名"更改成正确的使用人，如图 7-14 所示，这样才能在插入"批注"时显示正确的批注人信息。

图7-14

7.4 标记数据中的重复值

一组数据或文本中有重复信息时，可以借助Excel自带的"条件格式"功能进行标记。所谓标记，就是自动为符合"条件"的单元格设置独特的格式，让观看者一目了然。

标记"重复值"有很多种，最简单的是只要上下有重复的信息，就标记成不同的格式。另外，要是第1次出现时不改变格式，只要上面有了这个信息，下面再出现第2次以上时，才会标记不同。根据需求的不同，设置方法不同，操作难度也不同，但是这种根据"条件"设置"格式"的效果，都要利用Excel中自带的"条件格式"功能来设置。

这里先看个最简单的设置。例如，在"省市编号"列表中有很多上下重复的信息，想知道哪些是重复的内容，只需选中"省市编号"的编号内容，然后打开"开始"工具栏的"条件格式"列表，再选中下面"突出显示单元格规则"中的"重复值"命令，如图7-15所示。

如果应用Excel自带的格式效果，可在对话框中直接确定，便可在列表中看到，凡是上下重复的信息，就自动将单元格格式进行突出显示，如图7-16所示。

图7-15   图7-16

这个例子是标记"重复值"中最简单的操作，只要上下有重复的信息，就标记成不同的格式。如果需要为出现第2次以上的重复值标记格式，请参看本书第14章相关问题的介绍。

7.5 快速清除一组数中的重复数据

从后台数据库中导出的数据难免有些重复的信息，在应用时，需要把相同的信息快速删除，可利用自带的"删除重复项"功能自动完成。

看个例子，在图7-17所示的表中上下有一些重复的信息，如果不考虑其他因素，只是单纯地将重复信息删除，保留唯一内容，可以将光标任意定位在数据表中，然后直接选择"数据"工具栏中的"删除重复项"命令，打开对话框，如图7-17所示。

图7-17

在对话框中几乎不用做任何操作，直接确定后，会提示删除多少个重复信息，保留的内容将是唯一记录，如图7-18所示。

图7-18

7.6 计算重复信息出现次数和频率

在工作中，更多的并不是将重复信息删除，而是保留信息获取它们出现的次数或频率，所以要做的就是在重复的内容后添加重复次数的编号。

为重复信息添加重复编号，既可以一目了然地知晓每个信息从上到下是第几个出现的内容（知道信息出现次数），也可以配合文本合并将重复信息添加编号后变成唯一内容。

看个例子，在图7-19所示的表单中是一个"股票信息表"，第3列"行业"中有很多行业分类信息是重复的。若想了解每个"行业"出现的次数，可以在后面添加一列"编号"，把每个行业分类从上到下是第几个出现的次数标记出来。

在表单后添加一列"编号"，然后在第1个数后的单元格中输入"=COUNTIF($C$2:

C2,C2)”，确定后向下复制填充，得到结果，如图7-20所示。

	A	B	C
1	股票名称	流通股	行业
2	深发展A	107163.44	金融
3	深万科A	39871.18	房地产
4	ST金田A	19201.08	房地产
5	ST深安达	4165.72	运输
6	川化股份	13000	化工
7	深科技A	20058.21	科技
8	深振业A	15780.7	房地产
9	深达声A	7956.1	电子电器
10	亿安科技	3529.06	科技
11	深南电A	3366	能源
12	深石化A	5132.4	化工
13	ST深物业	9139.13	房地产
14	宏源证券	15246	金融
15	深长城A	6932.94	房地产
16	ST深华源	4522.04	科技
17	深华发A	4984.51	电子电器
18	深康佳A	22419.87	电子电器
19	海王生物	3820	医药

图7-19

D2　=COUNTIF($C$2:C2,C2)

	A	B	C	D
1	股票名称	流通股	行业	编号
2	深发展A	107163.44	金融	1
3	深万科A	39871.18	房地产	1
4	ST金田A	19201.08	房地产	2
5	ST深安达	4165.72	运输	1
6	川化股份	13000	化工	1
7	深科技A	20058.21	科技	1
8	深振业A	15780.7	房地产	3
9	深达声A	7956.1	电子电器	1
10	亿安科技	3529.06	科技	2
11	深南电A	3366	能源	1
12	深石化A	5132.4	化工	2
13	ST深物业	9139.13	房地产	4
14	宏源证券	15246	金融	2
15	深长城A	6932.94	房地产	5
16	ST深华源	4522.04	科技	3
17	深华发A	4984.51	电子电器	2
18	深康佳A	22419.87	电子电器	3
19	海王生物	3820	医药	1

图7-20

函数说明

函数“=COUNTIF($C$2:C2,C2)”是条件计数函数，第1个参数是数据统计区，这个区域要随着数据增加而自动变化。所以在第一个$C$2单元格应用了带有$符号（使用了绝对地址）的效果（可用快捷键F4快速添加），而第二个C2是没有$符号的（使用了相对地址），这样一个巧妙的设置，可在向下填充公式时，始终让第一个C2单元格成为区域起点，让每一个填充结果对应的单元格是这个区域的终点，便可实现向下填充到哪里，就从第1个单元格到哪里进行统计；第2个参数是统计的条件，还是使用了C2单元格本身内容当作计数条件，因为又是相对地址，便可实现填充到哪个单元格，该单元格的内容就是统计个数的条件。

7.7 功能拓展：为重复信息添加编号

刚才是在单元格后为每个信息添加出现的次数，也就是计算出了信息出现的频率。如果沿着这个套路进一步应用，便可将前面的文本信息添加重复编号。

还是刚才的案例，现在的要求是：一列中没有重复的内容就直接写出文本内容，若上下有重复的内容，就在文本后添加重复编号。

在后面添加一列，然后在第一个信息后输入“=C2&IF(COUNTIF($C$2:$C$25,C2)>1,COUNTIF($C$2:C2,C2),"")”，确定后向下复制填充得到结果，如图7-21所示。

D2　=C2&IF(COUNTIF($C$2:$C$25,C2)>1,COUNTIF($C$2:C2,C2),"")

	A	B	C	D
1	股票名称	流通股	行业	添加数字编号
2	深发展A	107163.44	金融	金融1
3	深万科A	39871.18	房地产	房地产1
4	ST金田A	19201.08	房地产	房地产2
5	ST深安达	4165.72	运输	运输
6	川化股份	13000	化工	化工1
7	深科技A	20058.21	科技	科技1
8	深振业A	15780.7	房地产	房地产3
9	海王生物	3820	医药	医药
10	深达声A	7956.1	电子电器	电子电器1
11	亿安科技	3529.06	科技	科技2
12	深南电A	3366	能源	能源
13	深石化A	5132.4	化工	化工2
14	ST深物业	9139.13	房地产	房地产4
15	宏源证券	15246	金融	金融2
16	深长城A	6932.94	房地产	房地产5
17	ST深华源	4522.04	科技	科技3
18	深华发A	4984.51	电子电器	电子电器2
19	深康佳A	22419.87	电子电器	电子电器3

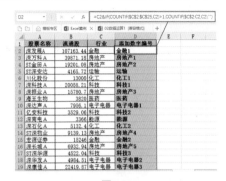

图7-21

函数说明

公式 "=C2&IF(COUNTIF($C$2:$C$25,C2)>1,COUNTIF($C$2:C2,C2),"")" 的作用是用 C2 单元格合并后面的编号。后面的编号应用了 IF 函数，在 IF 函数的条件中判断了是否上下所有的单元格中有重复内容（COUNTIF($C$2:$C$25,C2)>1），如果有重复的内容，就把编号计算出来（COUNTIF($C$2:C2,C2)），如果没有重复就为"空"。

7.8 用工作组制作相同结构的工作表

重复信息包含的内涵有很多，小到单元格内容，大到整张表单。前面我们探讨了在单元格内填写、标记、清除和计算等与重复数据相关的多种应用，这里再来说说制作结构相同的工作表。

所谓结构相同，就是表的信息在不同的分表中，虽然表格内容不一致，但是内容所在的单元格位置是相同的。图7-22所示的就是典型的结构相同的"分表"数据信息。

图7-22

看到这几个分表信息，我要是问大家这些分表是怎么做出来的？估计大家的第一反应又得说"复制"吧。如果单位就3人，复制就复制吧，要是200人，您要是还复制，那可就耽误时间了。

以后碰到类似的问题时，一定要用"工作组"来配合完成。

 工作组，顾名思义，就是将工作表组成"组"，然后成组地进行应用和设置，这样便可实现批处理，一旦能够批处理，就找到了快捷的方法，避免了重复性的劳动。

7.6.1 利用"工作组"制作表单

"工作组"就是同时选择了两张或两张以上的表。在Excel 2016中，使用Ctrl+N组合键新建默认工作簿后自动生成1张Sheet表，若需要创建多张Sheet表，千万不要一张一张地创建，而应该利用"工作组"来成批创建。即选择几张Sheet表，就能创建出几张新工作表。

先让大家了解一下"工作组"，我们先来创建一个新工作簿，然后建立3张Sheet

表，当用Ctrl键配合选中Sheet1和Sheet3两张表，或者用Shift键配合先选Sheet1，再选择Sheet3，全选3张工作表后，都可以看到在标题栏中出现了"工作组"的文字提示，如图7-23所示。

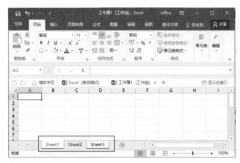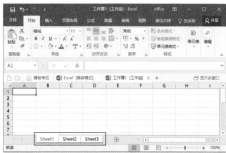

图7-23

选中了多张工作表，并组成"工作组"后，就可以实现用鼠标右键"插入工作表"，选择几张工作表就会插入几张新工作表。

下面就利用"工作组"的功能制作结构一致的数据表。

创建好足够数量的Sheet表，然后利用Shift键配合，将这些工作表全选组成"工作组"。之后，在当前表中绘制表单网格线，调整行高和列宽，再制作统一的标题和表头，如图7-24所示。

一旦结构搭建完成，可以单击任何一张Sheet表解散"工作组"，分别对工作表

图7-24

"重命名"，为每个工作表起有意义的名字。最后，再往表单中添加各自不同的数据信息，就可完成结构相同的数据表制作。

7.6.2　把相同内容填充到"工作组"

7.6.1节介绍的情况是还没有数据，甚至还没有工作表时，如何利用"工作组"制作结构相同的分表。这里来谈谈另一种常见的情况，就是已经在一张Sheet表中将数据表制作完成了，如何将这个表作为"模板"，让其他工作表也有同样的结构呢？估计又有人想说"复制"了吧。

看个例子，在如图7-25所示的"张三"打分表下方添加了两行"黄色"的新信息，而"李四"和"王五"表中还是原始的内容。如何将"张三"打分表的这两行"黄色"

内容也添加到另外两张表中，来看看"工作组"的神奇应用吧。

图7-25

一共4步，具体如下：

❶ 选中"张三"工作表。

图7-26

❷ 按Ctrl键分别单击"李四"和"王五"工作表，将这3张工作表组成一个"工作组"。

❸ 用鼠标选中"张三"表中"黄色"单元格所在的第7行和第8行。

❹ 选择"开始"工具栏下"填充"下拉选项中的"成组工作表"命令，如图7-26所示。

打开对话框后，选择默认的"全部"命令，直接单击确定后返回工作表。单击任意一张表解散"工作组"。可以看到"张三"表中的黄色区域内容被填充至了每一个表单中，效果如图7-27所示。

图7-27

在有大量的信息，尤其是工作表的数量较多时，用"工作组"的方式操作和复制/粘贴相比，优势是显而易见的。"工作组"的方式不仅可快速将一张表中的内容向多张表相同位置进行填充，若选中表的"行号"或"列标"后再进行操作，甚至还可以连同行高和列宽一并填充到其他表中，这就不是简单的复制/粘贴能比的。

第8章
根据条件判断和计算

与条件判断计算打交道最多的就是"TRUE"或"FALSE"这两个词，它是其他函数运算的基石，也和Excel的很多其他功能相配合，如：数据验证功能和条件格式功能等。

逻辑判断最基本的表达式就是"="、">"、"<"和"<>"。

逻辑判断函数有很多，这类函数的特点就是结果只有两种情况，符合条件时，结果会显示"TRUE"，否则会显示为"FALSE"。

下面介绍几个最实用的函数。

▶ AND：也被称为"与"函数，需同时满足所有的条件，才会返回"TRUE"。

▶ OR：也被称为"或"函数，满足其中一个条件就会返回"TRUE"。

▶ EXACT：比较两个字符串是否相同，相同就会返回"TRUE"。

▶ ISBLANK：判断是否为空单元格，是就会返回"TRUE"。

▶ ISERROR：判断结果是否是"#N/A"、"#VALUE!"、"#REF!"、"#DIV/0!"、"#NUM!"、"#NAME?"或"#NULL!"任意错误单元格，是就会返回"TRUE"。

▶ ISNUMBER：判断是否为"数值"类型单元格，是就会返回"TRUE"。

▶ ISTEXT：判断是否为"文本"类型单元格，是就会返回"TRUE"。

在Excel 2016中，条件判断函数除了原有的一些常用函数外，又新增了几个非常实用的函数，实用的条件判断函数如下：

▶ IF：条件判断函数，条件是"TRUE"时执行一种操作，条件是"FALSE"时执行另一种操作。

▶ IFS：是Excel 2016新增的多条件判断函数，可以设置不同的条件，轻松实现不同条件对应不同的操作。

► SWITCH：是Excel 2016新增的对位匹配函数，可以设定——对位的条件和匹配内容。

8.1 数据信息一致性对比

很多数据信息来自不同的数据源，使用这种不同数据源的信息进行查找和匹配引用时，往往会出现表面上看是一致的，但在应用时却出现不匹配的问题。对不同数据源信息进行对比，确保一致性是非常重要的。

如果来自两个数据源的数据信息顺序是一致的，则直接应用"等式"测试或使用对比函数就可快速了解一致性；若数据信息的顺序不一致，就要使用第11章介绍的数据查询功能进行配合。

	A	B	C	D
1	产品码	编号码		产品编号
2	BJ0408	107163		BJ0408107163
3	Bj0409	398711		BJ0409398711
4	BJ0408	192700		BJ0408192000
5	BJ0409	416572		BJ0409416572
6	BJ0408	688000		BJ0408688000
7	BJ0408	157807		BJ0408157807
8	BJ0410	795610		BJ0410795610
9	BJ0408	352906		BJ0408352606
10	BJ0406	688000		BJ0406688000
11	BJ0408	495109		BJ0408495109
12	Bj0409	192010		BJ0409192010
13	BJ0408	107196		BJ0408107166
14	BJ0406	270192		BJ0406270192
15	BJ0408	452204		BJ0408452204
16	BJ0407	262626		BJ0407262626
17	BJ0407	398711		BJ0407398711
18	Bj0410	767520		BJ0410767520
19	BJ0408	202312		BJ0408202312

图8-1

在下面的例子中，"产品码"信息和"编号码"信息从一个数据库中导入，而"产品编号"信息从另一个数据库导入。由于数据量较大，希望快速了解两个编码是否一致，如图8-1所示。

为了进行对比，首先应该将左侧"产品码"和"编号码"进行文本合并，用合并后的结果与后面的"产品编号"对比一致性。

在对比数据信息是否一致时有两种较为常见的应用。

❶ 用"="将两个单元格内容进行等式对比。

❷ 用EXACT函数对比两个字符串是否一致。

这两个方法对两个中文字符或者纯数字的信息进行对比时没有区别，但是对两个英文字母的对比就不同了，"="不区分大小写，而EXACT函数则区分大小写。

下面把这两种方法分别用于这个例子，看看结果的区别，如图8-2所示。

	A	B	C	D	E	F	G	H
1	产品码	编号码		产品编号		=A2&B2=D2		=EXACT(A2&B2,D2)
2	BJ0408	107163		BJ0408107163		TRUE		TRUE
3	Bj0409	398711		BJ0409398711		TRUE		FALSE
4	BJ0408	192700		BJ0408192000		FALSE		FALSE
5	BJ0409	416572		BJ0409416572		TRUE		TRUE
6	BJ0408	688000		BJ0408688000		TRUE		TRUE
7	BJ0408	157807		BJ0408157807		TRUE		FALSE
8	BJ0410	795610		BJ0410795610		TRUE		TRUE
9	BJ0408	352906		BJ0408352606		FALSE		FALSE
10	BJ0406	688000		BJ0406688000		TRUE		TRUE
11	BJ0408	495109		BJ0408495109		TRUE		TRUE
12	BJ0409	192010		BJ0409192010		TRUE		FALSE
13	BJ0408	107196		BJ0408107166		FALSE		FALSE
14	BJ0406	270192		BJ0406270192		TRUE		TRUE
15	BJ0408	452204		BJ0408452204		TRUE		TRUE
16	BJ0407	262626		BJ0407262626		TRUE		TRUE
17	BJ0407	398711		BJ0407398711		TRUE		TRUE
18	Bj0410	767520		BJ0410767520		TRUE		FALSE
19	BJ0408	202312		BJ0408202312		TRUE		TRUE

图8-2

我们可以看到，用“=”的结果只是把数据信息不同的内容进行了判断，凡是显示“TRUE”结果的说明信息一致，显示“FALSE”结果的说明内容不同。而用“EXACT”函数判断时，无论是内容不符，还是字母的大小写不同，全部都会显示为“FALSE”。

8.2 用逻辑表达式直接判断

逻辑判断功能是Excel最基本的功能，逻辑表达式“=”、“>”、“<”和“<>”应用更为广泛。用这些逻辑表达式不仅可以判断数值本身的大小，还可以判断文本的大小（文本的大小比较在默认情况下是比较文本首字拼音字母音序的顺序，排在前面的字母小于排在后面的字母。如：北京<上海，因为Beijing<Shanghai）。

逻辑表达式的结果就是“TRUE”或“FALSE”，利用它能判断真假的功能有时可以代替一些条件函数，让公式变得更加简洁。

下面来看一个例子，如图8-3所示，让我们看看4门考核成绩的平均分是否达到了80分的标准。

姓名	考核1	考核2	考核3	考核4	是否达到平均80分标准
林义辉	55	60	77	90	
潘千慧	60	80	68	70	
张琪琪	85	66	89	99	
王静浩	87	88	87	74	
许惠美	88	71	88	50	
李清玲	74	87	74	84	
王惠武	63	68	63	99	
陈昭华	98	82	98	80	
沈宇惠	66	96	70	86	
谢辉明	98	98	98	88	

图8-3

有一定Excel基础的人初看上去会判断是一个IF函数的应用。其实，用逻辑表达式就直接可以得到答案。

在结果单元格中输入公式“=AVERAGE(B2:E2)>=80”，得到结果后，向下复制填充公式，如图8-4所示。

F2　=AVERAGE(B2:E2)>=80

姓名	考核1	考核2	考核3	考核4	是否达到平均80分标准
林义辉	55	60	77	90	FALSE
潘千慧	60	80	68	70	FALSE
张琪琪	85	66	89	99	TRUE
王静浩	87	88	87	74	TRUE
许惠美	88	71	88	50	FALSE
李清玲	74	87	74	84	FALSE
王惠武	63	68	63	99	FALSE
陈昭华	98	82	98	80	TRUE
沈宇惠	66	96	70	86	FALSE
谢辉明	98	98	98	88	TRUE

图8-4

函数说明

“=AVERAGE(B2:E2)>=80”就是一个非常简单的逻辑表达式，用平均值和80进行对比，如果结果“>=80”就显示“TURE”，否则显示“FALSE”。如果用IF函数来判断，这个逻辑表达式正是IF函数的条件，如果要得到的不是“TURE”或“FALSE”，而是“是”或“否”等其他文字，才有必要使用IF函数。

8.3 IF单条件二分支判断

IF函数可以说是Excel里既有功劳又有苦劳的"得力干将"，它和SUM函数、AVERAGE函数、VLOOKUP函数等都属于最常用的函数。

IF函数的应用规则非常简单，就3个参数：

=IF（逻辑条件,真操作,假操作）

IF 函数是通过逻辑条件的判断进行真假两个分支操作，第 1 个参数是逻辑条件，所以不管它在公式中有多么复杂，最终都要得到"TRUE"或"FALSE"的结果。如果分支不止两个，可以利用 IF 函数的嵌套实现，有关这部分内容请参看 8.4 节。

来看个例子，如图8-5所示，某公司"三八"节发放奖金，"女"员工发放8000元，"男"员工发放300元（男员工也得发呀，回家还得照顾女同胞呢）。利用性别进行判断，得到800元或300元，这是典型的IF函数功能。

下面按照"女800"、"男300"的规则设置IF函数，选中结果，输入公式"=IF(F4="女",800,300)"，得到结果后向下填充复制，如图8-6所示。

图8-5　　　　　　　　　　　　　　图8-6

函数说明

"=IF(F4="女",800,300)"中第 1 个参数就是逻辑判断条件，看看 F4 单元格是否为"女"，如果是，则执行第 2 个参数的操作，输入"800"；若不是"女"（肯定是"男"），则执行第 3 个参数的操作，输入"300"。

8.4 功能拓展：IF函数的妙用

IF 函数的规则很容易掌握，它的判断条件可以设置得更加复杂，也可以让 IF 函数和其他功能相结合，这样条件判断后不仅仅是得到一个结果，甚至还可以让单元格的颜色发生同步变化，让 IF 函数挖掘更大潜力和发挥更大的作用。

8.4.1 用IF函数防止空单元格的出现

IF 函数的第 1 个参数是逻辑条件判断，这里来看一个用 IF 函数防止空单元格出现的例子。

在这个例子中，如图 8-7 所示，某产品有两个批次可以购买，在填写表单时，必须要填写其中一个批次的型号。现在要做到效果是：如果两个批次都不填，会报警提示；如果填写了一个批次，则会提示核对。

图8-7

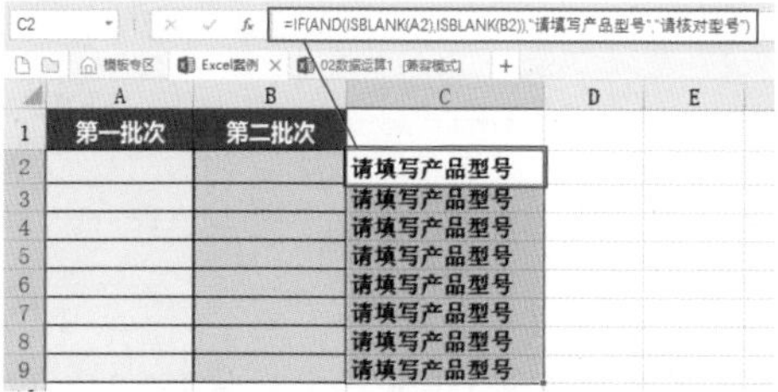

在填写表单的后面单元格中输入公式：

=IF(AND(ISBLANK(A2),IS-BLANK(B2)),"请填写产品型号","请核对型号")

得到结果后，向下复制填充公式，如图 8-8 所示。

图8-8

> **函数说明**
>
> "=IF(AND(ISBLANK(A2),ISBLANK(B2)),"请填写产品型号","请核对型号")" 是一个嵌套函数，在判断条件时，用 ISBLANK(A2) 和 ISBLANK(B2) 函数判断单元格是否为"空"，再用"AND"函数配合判断是否都为"空"。如果两个格都是空的，则 AND 函数的结果是"TRUE"，会显示"请填写产品型号"的内容，如果两个格中有一个不是空，AND 函数的结果是"FALSE"，则显示"请核对型号"。

当在两个批次中输入一个批次的产品型号后，可以看到提示立刻会发生改变，如图 8-9 所示。

8.4.2 用IF函数删除多余的#N/A提示

有些函数在计算后得不到对应的数值，会得到"#N/A"报错提示，本身"#N/A"并不是错误，而是英语 Not applicable（不适用）的缩写。但是这样的结果出现在表中，显然不是所有的人愿意看到的。

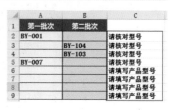

图8-9

看看下面的案例，这是一个用 VLOOKUP 函数查询人员身份证号码的例子，左侧是基础信息表，要在右侧的查询表中按人员姓名查询提取出对应的身份证号码。当使用公式"=VLOOKUP(H5,B:C,2,FALSE)"时，可以看到在基础信息表中还没有登记的一些人员在查询找不到身份证号码时，会显示"#N/A"的内容，如图 8-10 所示。

图8-10

函数说明

"=VLOOKUP(H5,B:C,2,FALSE)"中的第1个参数"H5"是查询值，第2个参数"B:C"是查找对照表，第3个参数"2"是找到对应的信息后提取第几列，第4个参数"FALSE"表示精确匹配方式。有关这个函数的详细用法，可以查看本书第11章的内容。

要想把"#N/A"改成"空"或者显示其他文字，可借助ISNA函数或者ISERROR函数来配合。注意两者的区别：ISNA函数只判断是否为"#N/A"显示，而ISERROR函数则判断所有的报错显示，包括"#N/A"、"#VALUE!"、"#REF!"、"#DIV/0!"、"#NUM!"、"#NAME?"、"#NULL!"。

如果把这个公式修改成"=IF(ISERROR(VLOOKUP(H5,B:C,2,FALSE)),"表中无此人员",VLOOKUP(H5,B:C,2,FALSE))"，确定后重新向下复制填充，结果如图8-11所示。

图8-11

函数说明

"=IF(ISERROR(VLOOKUP(H5,B:C,2,FALSE)),"表 中 无 此 人 员",VLOOKUP(H5,B:C,2,FALSE))"用ISERROR函数判断VLOOKUP(H5,B:C,2,FALSE)的结果是否会出现"#N/A"，如果条件成立，就显示"表中无此人员"文字；如果条件不成立，则直接显示VLOOKUP(H5,B:C,2,FALSE)函数的结果。

8.4.3 IF函数和条件格式结合使单元格变色

在 Excel 中有些信息需要参与运算和分析，必须要书写成数值类型，如果利用"数据验证"设置"数值"条件，表面上可以做到一旦填写的信息不是数值类型，就会出现立即报错的效果，但是"数据验证"也有一个致命伤，那就是若数据信息不是用键盘输入，而是"复制"的，"数据验证"便无能为力了。

要是用IF函数进行条件判断，并进行提示，就可以解决复制的信息不符合要求的问题，要是再配合"条件格式"功能，还能改变单元格的颜色进行报警提示。

来看下面的例子，在这个例子中，要求"采购数据"中必须填写"数值"类型，所以在后面的结果单元格中输入了IF函数判断，并在IF函数的条件中嵌套了 ISNUMBER 函数进行数值判断，如图 8-12 所示。

图8-12

 函数说明

公式"=IF(ISNUMBER(B2),"","请输入数值类型")"，在 IF 函数的条件中嵌套了 ISNUMBER(B2) 进行数值判断，如果 B2 单元格是数值，满足条件后会显示为"空"，如果 B2 单元格不是数值，不满足条件则显示为"请输入数值类型"进行提示。

公式输入完成后，再用鼠标选中要输入数据的"采购数量"单元格，选择"开始"

图8-13

工具栏中的"条件格式"命令，在打开的对话框中选择下方的"使用公式确定要设置格式的单元格"，并在下方的公式框中输入"=NOT(ISNUMBER(B2))"。

然后单击右下角的"格式"按钮，将符合条件的格式设置成"红色"底纹、白色文字的效果，如图 8-13 所示。

 函数说明

"=NOT(ISNUMBER(B2))"中 ISNUMBER(B2) 是判断 B2 单元格是否为数值，而"NOT"函数的作用是使"TRUE"的结果变成"FALSE"，"FALSE"的结果变成"TRUE"，也就是让结果倒过来。本例的要求是只要填写的不是数值，单元格就变成"红色"报警，所以用 NOT(ISNUMBER(B2))，就可以做到只要是输入了数值以外的其他信息，就会使条件满足，单元格颜色就会改变。

	A	B	C	D
1	采购产品	采购数量		
2	HP-3004	三十		请输入数值类型
3				

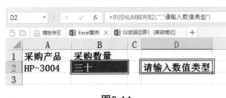

图8-14

确定后返回，在“采购数量”单元格中输入文本信息后，可以看到在后面的提示单元格中会立刻出现“请输入数值类型”的提示，同时在“采购数量”的单元格中会立刻变成“红色”底纹、“白色”文字的效果，如图 8-14 所示。

8.5 IF多分支条件判断

在应用中，用一个IF函数可以解决两个分支条件，当分支条件大于两个时，可以用多个IF函数嵌套来解决。

来看个例子，有一个图书采购表，根据购买图书数量的多少来决定图书“折扣”和“抽奖次数”，如图8-15所示。

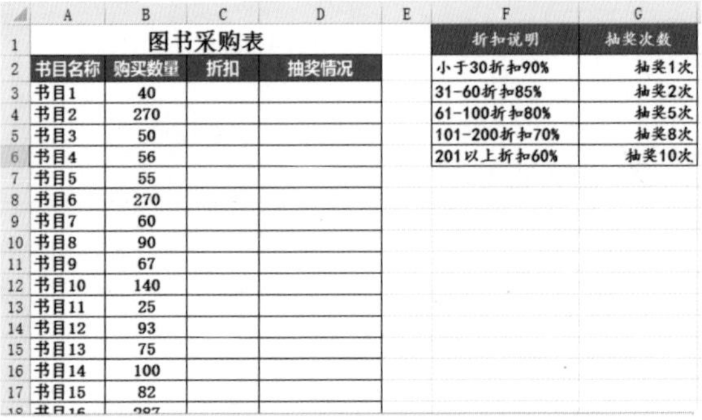

	A	B	C	D
1	图书采购表			
2	书目名称	购买数量	折扣	抽奖情况
3	书目1	40		
4	书目2	270		
5	书目3	50		
6	书目4	56		
7	书目5	55		
8	书目6	270		
9	书目7	60		
10	书目8	90		
11	书目9	67		
12	书目10	140		
13	书目11	25		
14	书目12	93		
15	书目13	75		
16	书目14	100		
17	书目15	82		

折扣说明	抽奖次数
小于30折扣90%	抽奖1次
31-60折扣85%	抽奖2次
61-100折扣80%	抽奖5次
101-200折扣70%	抽奖8次
201以上折扣60%	抽奖10次

图8-15

这个例子的“折扣说明”中有5种不同的折扣，所以，若使用IF函数嵌套来完成应用，需要用4个IF函数。

> 套路
>
> 多个 IF 函数嵌套时，可以在条件为“真”中嵌套，也可以在条件为“假”中嵌套，但是从易于理解和建构逻辑的角度来说，通常是把 IF 嵌套在上一个 IF 函数条件为“假”中应用。

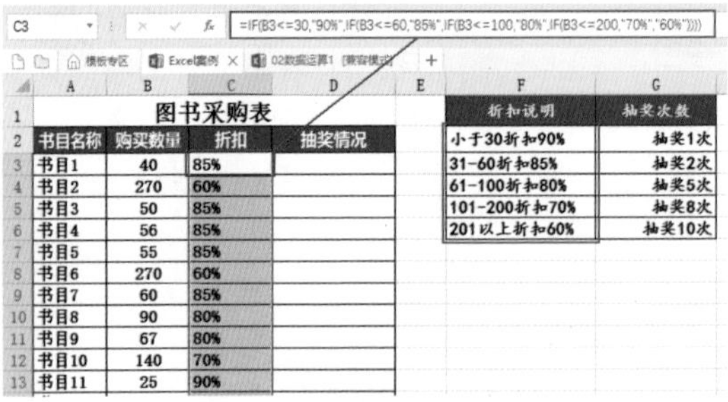

	A	B	C	D
1	图书采购表			
2	书目名称	购买数量	折扣	抽奖情况
3	书目1	40	85%	
4	书目2	270	60%	
5	书目3	50	85%	
6	书目4	56	85%	
7	书目5	55	85%	
8	书目6	270	60%	
9	书目7	60	85%	
10	书目8	90	80%	
11	书目9	67	80%	
12	书目10	140	70%	
13	书目11	25	90%	

折扣说明	抽奖次数
小于30折扣90%	抽奖1次
31-60折扣85%	抽奖2次
61-100折扣80%	抽奖5次
101-200折扣70%	抽奖8次
201以上折扣60%	抽奖10次

图8-16

选中第1个折扣单元格，输入公式：

=IF(B3<=30,"90%",IF(B3<=60,"85%",IF(B3<=100,"80%",IF(B3<=200,"70%","60%"))))

然后把结果向下复制填充，如图8-16所示。

函数说明

> "=IF(B3<=30,"90%",IF(B3<=60,"85%",IF(B3<=100,"80%",IF(B3<=200,"70%","60%"))))"用了4个IF函数嵌套在一起,第1个IF函数的条件是B3<=30,如果条件成立,就填写"90%"。若条件不满足,就嵌套第2个IF函数,接着看B3<=60的条件是否成立,以此类推,到最后把5种折扣都进行了分支判断。

再来看看最后的"抽奖情况",同样也是5种情况,而且条件和"折扣"是完全一致的,在填写抽奖情况时,既可以用"购买数量"作为条件,也可以用"折扣"本身的多少作为条件判断。

为了让大家多了解一些不同条件的使用,在此用"折扣"的多少作为条件来应用函数:

=IF(C3=90%,"抽奖1次",IF(C3=85%,"抽奖2次",IF(C3=80%,"抽奖5次",IF(C3=70%,"抽奖8次","抽奖10次"))))

最终结果如图8-17所示。

图8-17

8.6 IFS多分支条件判断

在Excel 2016中新增加了IFS和SWITCH两个条件判断函数,这两个函数在处理多分支条件判断方面的问题可谓是"手到擒来"。

本节先介绍一下IFS函数,从字面就能看出这是一个多条件的判断。它的应用规则是:=IFS（条件1,满足操作,条件2,满足操作,……,TRUE,满足操作）。

IFS总是一组一组地设定参数,每组第1个是条件,第2个是条件满足执行什么操作,最后一组用"TRUE"当作条件,也就是说,若前面没有一个条件是满足的,就以最后的"TRUE"作为满足条件执行最后的操作。也可以理解为,如果前面的条件都不满足,就执行最后的操作,为前面所有的条件提供一个"FALSE"的应用。

例如:A1单元格是"快递到达城市",B1是"快递费用",在B1单元格输入如下公式即可实现:

=IFS（A1="北京",10，A1="上海",12，A1="广州",14，TRUE,"20"）

如果在A1单元格输入"北京"，B1单元格自动显示10；如果A1单元格输入"上海"，B1单元格自动显示12；如果A1单元格输入"广州"，B1单元格自动显示14；如果A1单元格输入的城市是上述这3个以外的任何地方，B1单元格便会显示20。

 对使用 IF 函数嵌套有一定经验的人来说，有了这个函数后，可以大大减轻输入函数的难度，让操作变得简单高效。这里提醒大家一句，无论是 IF 还是 IFS 函数，都不建议大家使用过多的条件分支。一旦条件分支过多，可以采用其他的查询方法，参看本书第 11 章。

再来看看刚才的图书采购案例，是不是想到用IFS函数来判断折扣情况比IF函数嵌套要方便呢？

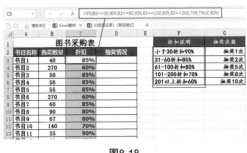

图8-18

选中第1个折扣单元格，然后直接输入公式：

=IFS(B3<=30,90%,B3<=60,85%,B3<=100,80%,B3<=200,70%,TRUE,60%)

把结果向下复制填充，如图8-18所示。

📝 函数说明

"=IFS(B3<=30,90%,B3<=60,85%,B3<=100,80%,B3<=200,70%,TRUE,60%)"设置了 5 组参数，每组都是条件和满足后的操作，前面 4 组条件都是逻辑表达式和对应的操作，而最后 1 组条件是"TRUE"，也就是前面 4 组没有满足的条件时，会执行这个条件对应的操作。

8.7 SWITCH多分支匹配

在Excel 2016中，SWITCH函数也是新增的，它的作用是转换，其实就是把指定的单元格和条件进行匹配，匹配上后把对应的内容显示出来。

它的应用规则如上：

=SWITCH(条件单元格,条件1,满足结果,条件2,满足结果,……,都不满足的结果)

SWITCH在第1个参数就指定好条件单元格，后面是一组一组条件和条件满足的结果，函数最后有一个单独的参数，是专门执行前面所有的条件都不满足时的操作。

例如，A1单元格是"文化程度"，B1是"评级加分"，在B1单元格输入如下公式可实现：

=SWITCH（A1,"博士",20,"研究生",10,"本科",5,0）

如果在A1单元格中是"博士"，那么"评级加分"中就是20；如果在A1单元格中是"研究生"，那么"评级加分"中就是10；如果在A1单元格中是"本科"，那么"评级加分"中就是5；如果在A1单元格中是其他的内容，则在"评级加分"中就都是0。

在前面的例子中，图书采购表"抽奖情况"的结果若用SWITCH函数，比IF函数的嵌套方便太多了。

在结果中输入如下公式，并向下复制填充，如图8-19所示。

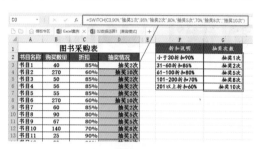

图8-19

=SWITCH(C3,90%,"抽奖1次",85%,"抽奖2次",80%,"抽奖5次",70%,"抽奖8次","抽奖10次")

 函数说明

"=SWITCH(C3,90%,"抽奖1次",85%,"抽奖2次",80%,"抽奖5次",70%,"抽奖8次","抽奖10次")"中C3是指定条件单元格，后面是一组一组对应的条件和显示结果，最后一个参数是"抽奖10次"，是前面的条件都不满足时显示的结果。

第9章
数据汇总分析

在Excel中，对管理和导入的数据信息进行汇总是很常见的一种操作需求，在做阶段性的总结时，制作月报表、年报表时都需要将数据进行汇总。数据汇总通常被称为"数据汇总分析"，那是因为通过数据汇总，得到的不应该只是一个结果，更重要的是挖掘数据背后的逻辑，带给我们分析的结论。

广义的数据汇总包括很多方面，如：将分量数据汇总成总量数据；知道"数量"、"单价"，计算"总价"；按条件分类汇总数据等。本章将从不同的角度来探讨这些数据汇总的方法和技巧，好好了解它们的操作套路。

9.1 结构相同的分表数据快速汇总

"分表汇总"是指把分表数据汇总到总表，数据源在不同的分表中，如：每个月一张表，每个产品一种表，每个部门一张表等，把每个表的对应数据到总表汇总。

在本书7.8节介绍了用"工作组"的操作方式来制作结构相同的分表，"工作组"的应用能够实现批处理，可以快速将结构相同的一批工作表快速构建完成。

其实，借助"工作组"的操作思路也能快速完成对分表的汇总。

分表结构相同，是指每张分表数据的位置相同，只是表数据不同而已。这种结构相同的数据表在部门考勤、月度报表、产品销售等管理中非常常见。一旦分表结构相同，一定要将这些分表 Sheet 相邻排放，中间不要夹杂其他表单，便可实现高效应用。

利用"工作组"已经将一个部门3个人员的分表做完，并填写好内容，如图9-1

所示。

图9-1

现需要将三个表对应的分数到总表进行总分和平均分两项汇总，如图9-2所示。

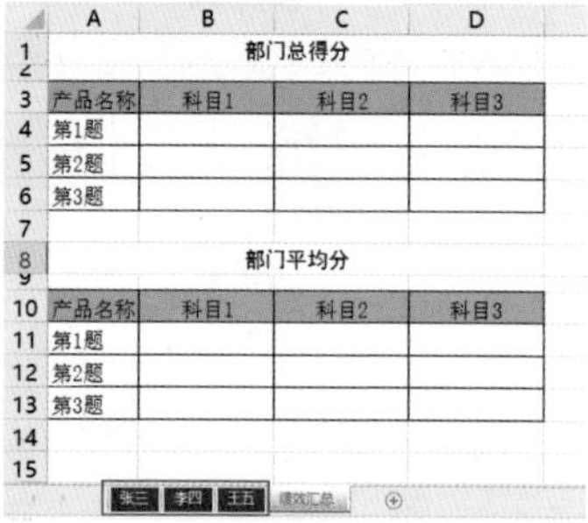

这里要特别提醒大家的是，一定要将3个人员的分表相邻排放，这样才能放出"大招"。

先来汇总这个部门3个人员每一项的总得分，操作如下：

❶ 选择"部门总得分"表"科目1"中的"第1题"单元格，也就是B4单元格。

❷ 书写"=SUM("然后用鼠标单击第1个人员表"张三"的工作表标签，选中第1个表，同时在"编辑栏"中出现"=SUM(张三！"，如图9-3所示。

9-2

❸ 按住键盘上的Shift键后，用鼠标单击最后一个人员表"王五"的工作表标签，使得所有的人员表都呈选中状态，在"编辑栏"中的公式会自动更改成"=SUM('张三: 王五'！"，如图9-4所示。

图9-3

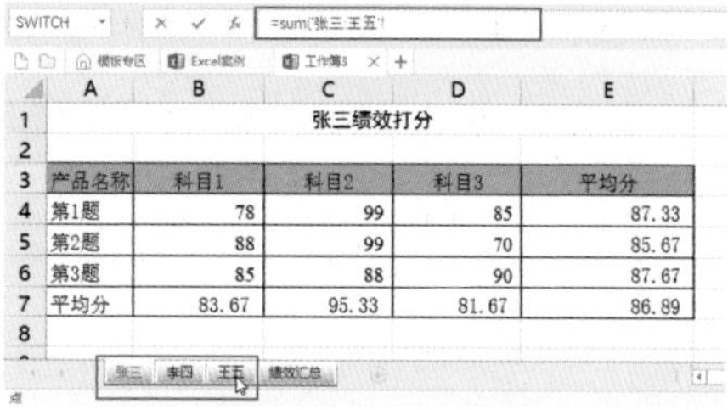

图9-4

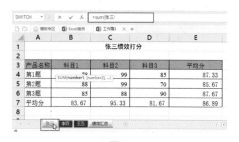

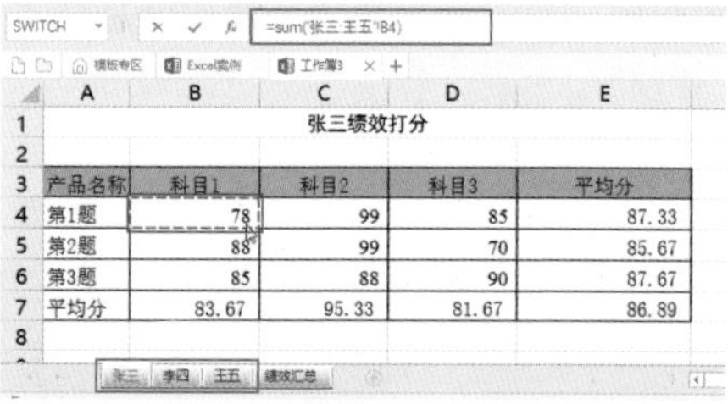

图9-5

❹ 把所有的人员分表全选后，再选择计算的单元格，所以单击"B4"，也就是"科目1"中的"第1题"单元格，公式里会出现"B4"，最后把")"用键盘输入完整。最终的公式出现在"编辑栏"中：=sum('张三:王五'!B4)，如图9-5所示。

函数说明

"=sum('张三：王五'!B4）"就是一个基本求和函数。这个公式巧妙的地方在于用 Shift 键配合一首一尾，把中间所有的分表全部选中，然后选择相同的B4单元格。这样无论是3个分表还是30个分表，只要表结构是一样的，全是10秒之内的事情了。

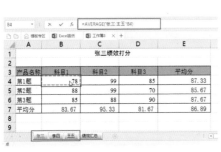

图9-6

❺ 按Enter键确定后，自动返回"汇总表"，3个表的"B4"求和的结果自动显示在结果单元格，然后用单元格右下角的"填充柄"向右再向下分别填充，整个表的结果计算完成，如图9-6所示。

完成分表的求和计算后，用同样的方法计算下方的"分表平均汇总"结果。下面简要说一下步骤，帮大家加深印象。

❶ 选中"部门平均分"表的第1个单元格，然后输入AVERAGE函数和括号，用鼠标单击第1个人的工作表标签，再用Shift键配合选中最后一个人的工作表标签，让所有的分表呈"全选"状态，最后选择计算的B4单元格，如图9-7所示。

❷ 按Enter键确定后，返回结果表，用填充柄填充公式，完成操作，如图9-8所示。

图9-7

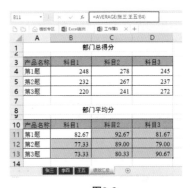

图9-8

在实际工作中，只要表不同，汇总的数据位置相同，用这种方法进行操作就是最高效的，这种方法可以理解成是在计算中运用了"工作组"。

9.2 结构不同的分表数据快速汇总

所有分表的结构完全一致，在工作中应该属于理想状态，更多的情况是分表有一些差异或者信息不完全一致。

来看个极端的例子，把4个季度的报表放在了1张Sheet表中，并且可以看到无论是"行"信息还是"列"信息，差异都非常大，如图9-9所示。

图9-9

这些报表被称为"二维表"或者"交叉表"，也就是数据信息需要通过"行标题"和"列表题"交叉才能知道信息的具体内容。虽然这些分表行列顺序都不一致，但是标题的名字大体相同。Excel存在一个功能，可以不通过单元格位置查找数据，而是利用标题名字找到对应数据，这个功能就是"合并计算"。

来看看操作：

❶ 将鼠标光标定位在希望总表生成的起始单元格，然后选择"数据"工具栏中的"合并计算"命令，打开对话框，如图9-10所示。

❷ 利用对话框中间"引用位置"后的选择按钮，依次选择每个分表（一定要连同标题选择），选择一个分表后要立即单击右侧的"添加"按钮，将分表所在的单元格地址添加到左侧"所有引用位置"框中。分表选择完成后，勾选下方的"首行"和"最左列"复选框，如图9-11所示。

图9-10

图9-11

操作提示

勾选对话框中的“首行”和“最左列”两个选项，目的是为了生成的总表有上方的“列标题”和左侧的“行标题”。

❸ 直接单击“确定”按钮返回数据表，可见从刚才选中的单元格处自动生成数据合并后的总表数据，如图9-12所示。

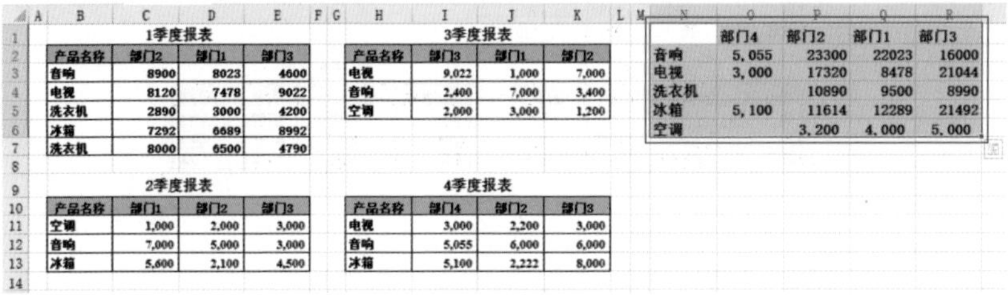

1季度报表

产品名称	部门2	部门1	部门3
音响	8900	8023	4600
电视	8120	7478	9022
洗衣机	2890	3000	4200
冰箱	7292	6689	8992
洗衣机	8000	6500	4790

2季度报表

产品名称	部门1	部门2	部门3
空调	1,000	2,000	3,000
音响	7,000	5,000	3,000
冰箱	5,600	2,100	4,500

3季度报表

产品名称	部门3	部门1	部门2
电视	9,022	1,000	7,000
音响	2,400	7,000	3,400
空调	2,000	3,000	1,200

4季度报表

产品名称	部门4	部门2	部门3
电视	3,000	2,200	3,000
音响	5,055	6,000	6,000
冰箱	5,100	2,222	8,000

	部门4	部门2	部门1	部门3
音响	5,055	23300	22023	16000
电视	3,000	17320	8478	21044
洗衣机		10890	9500	8990
冰箱	5,100	11614	12289	21492
空调		3,200	4,000	5,000

图9-12

通过“合并计算”生成的总表有以下3个特点：

- ▶ 多个分表都有的数据通过标题自动对应进行汇总；
- ▶ 把单表独有的信息自动罗列在总表中，形成总表的一部分；
- ▶ 1季度报表中出现了两次“洗衣机”产品，在总表中自动进行了分类汇总。

9.3 用SUMPRODUCT函数计算总价

SUMPRODUCT函数名称包含的字母有很多，表面上不好记忆，其实它是由两个函数组合而来的，一个是前面的SUM，另一个是后面的PRODUCT。SUM函数的作用是求和，而PRODUCT函数的作用是乘积。因此，SUMPRODUCT函数的作用就是“乘积的和”。

典型的乘积求和的例子就是计算总价，知道一批产品的单价和数量后，总价计算就是把所有单价和数量分别相乘，然后把乘积求和。

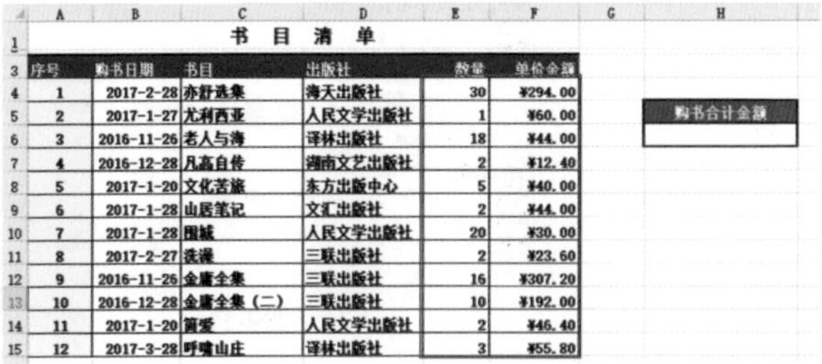

书 目 清 单

序号	购书日期	书目	出版社	数量	单价金额
1	2017-2-28	亦舒选集	海天出版社	30	¥294.00
2	2017-1-27	尤利西亚	人民文学出版社	1	¥60.00
3	2016-11-26	老人与海	译林出版社	18	¥44.00
4	2016-12-28	凡高自传	湖南文艺出版社	2	¥12.40
5	2017-1-20	文化苦旅	东方出版中心	5	¥40.00
6	2017-1-28	山居笔记	文汇出版社	2	¥44.00
7	2017-1-28	围城	人民文学出版社	20	¥30.00
8	2017-2-27	洗澡	三联出版社	2	¥23.60
9	2016-11-26	金庸全集	三联出版社	16	¥307.20
10	2016-12-28	金庸全集（二）	三联出版社	10	¥192.00
11	2017-1-20	简爱	人民文学出版社	2	¥46.40
12	2017-3-28	呼啸山庄	译林出版社	3	¥55.80

图9-13

看下面的案例，如图9-13所示。图书购买清单中有每本图书的购买“数量”和“单价”信息，现要在右侧计算出所有图书购买的总价。

只需直接在结果单元格中输入公式"=SUMPRODUCT(E4:E15,F4:F15)"，确定后得到的结果如图9-14所示。

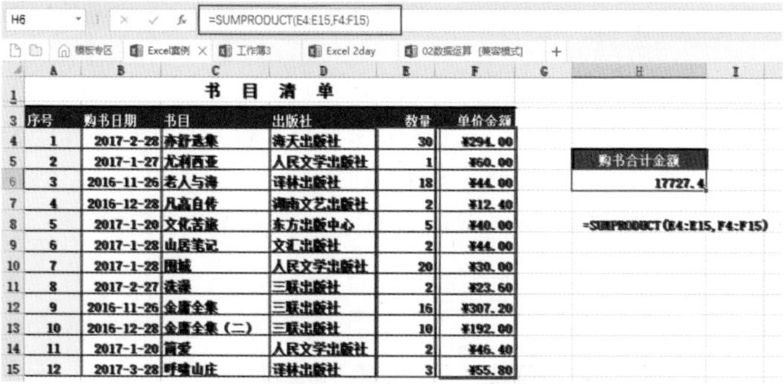

图9-14

函数说明

"=SUMPRODUCT(E4:E15,F4:F15)"的作用是先让两组数进行对应乘积，再把乘积求和。第1个参数（第1个数组）是所有图书的"数量"，第2个参数（第2个数组）是每本图书的"单价金额"，只要这两个参数的数据个数相同，就能自动对应两两相乘，然后把乘积求和，即计算出图书总价。

借助SUMPRODUCT函数的数组应用功能和乘积求和功能，还能完成很多条件求和或条件计数等计算。有关这部分内容，请参看本书9.10节及后面章节的介绍。

9.4　功能拓展：用数组公式计算总价

知道一批产品的"单价"和"数量"，计算"总价"，除了前面介绍的SUMPRODUCT函数外，也可以直接利用SUM函数配合数组公式完成。

❶ 把鼠标光标放在结果单元格，然后用键盘输入公式"=SUM(E4:E15*F4:F15)"，公式输入完成后先不要确定，如图9-15所示。

图9-15

操作提示

在输入公式时，先用键盘输入“=SUM(”，然后用鼠标选中所有“数量”所在的整列数据单元格，再用键盘输入“*”，接着用鼠标选中所有“单价金额”所在的整列数据单元格，最后添加“)”。

❷ 为了保证能够让“数量”和“单击金额”对应相乘，所以要用 Ctrl+Alt+Enter 组合键来确定。这三个键同时按，便会将 SUM 函数变成“数组公式”，使公式的外侧用英文花括号“{ }”包含，{=SUM(E4:E15*F4:F15)}。结果如图 9-16 所示。

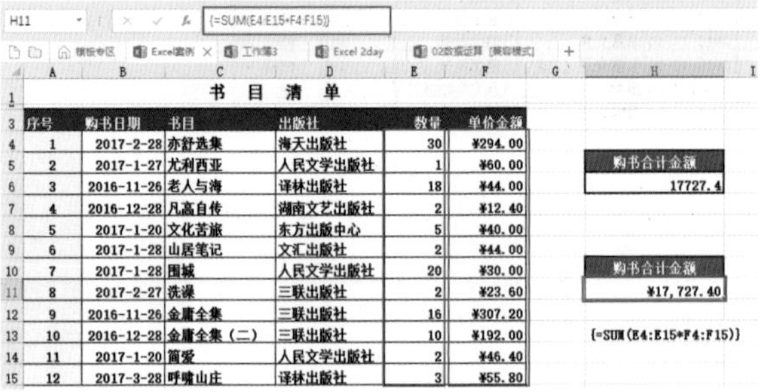

序号	购书日期	书目	出版社	数量	单价金额
1	2017-2-28	亦舒选集	海天出版社	30	¥294.00
2	2017-1-27	尤利西亚	人民文学出版社	1	¥60.00
3	2016-11-26	老人与海	译林出版社	18	¥44.00
4	2016-12-28	凡高自传	湖南文艺出版社	2	¥12.40
5	2017-1-20	文化苦旅	东方出版中心	5	¥40.00
6	2017-1-28	山居笔记	文汇出版社	2	¥44.00
7	2017-1-28	围城	人民文学出版社	20	¥30.00
8	2017-2-27	洗澡	三联出版社	2	¥23.60
9	2016-11-26	金庸全集	三联出版社	16	¥307.20
10	2016-12-28	金庸全集（二）	三联出版社	10	¥192.00
11	2017-1-20	简爱	人民文学出版社	2	¥46.40
12	2017-3-28	呼啸山庄	译林出版社	3	¥55.80

图9-16

函数说明

数组公式“{=SUM(E4:E15*F4:F15)}”的外侧包含了“{ }”，这样 SUM 函数中的两列单元格区域就变成了两个数组，在运算时，会自动两两相乘，最后把乘积用 SUM 求和。如果不用 Ctrl+Alt+Enter 组合键确认，而只用 Enter 键确认，则这个函数就是错误的，完全不能得到准确的结果。

数组公式在 Excel 中属于比较高级的应用，在数组公式中，有的是参数为数组，有的是结果本身也是数组，大家先通过案例慢慢接触数组公式，体会其中的应用套路，等有了一定的经验后，便可应用自如了。在本书后面的章节中还会多次运用数组公式来解决问题。

9.5 单分类字段快速汇总数据

分类汇总计算是数据汇总分析中最常用的分析方式。Excel为数据分类汇总提供了多种不同的方法，以便应用时灵活选择和互相配合。

本节先向大家介绍一种分类汇总的方式，用“数据”工具栏中的“分类汇总”对话框直接完成。

在 Excel 中能够实现分类汇总计算的方法有很多，用"分类汇总"对话框进行操作的优势不仅是简单方便，更重要的是，还可以根据自己的喜好做出"分级浏览"显示。这种"分级浏览"方式可自如地转换观看级别，是函数计算和数据透视表应用都无法实现的。

先来看案例，这是某个月的汽车销售统计报表，现在的需求是计算出不同车种的总收入情况。也就是按照"车种"进行分类，按照"收入"进行汇总，如图9-17所示。

操作前需要说明一下，要想应用"分类汇总"功能，首先要对"车种"分类字段进行排序，排序的目的不是为了比较大小，而是为了将文本字段进行"分类"。

图9-17

❶ 任意选择"车种"列中的一个单元格，然后通过"数据"工具栏中的"排序"功能对"车种"字段进行"升序"或"降序"操作。操作后，相同的"车种"内容会自动排放在一起。

❷ 选择"数据"工具栏中的"分类汇总"命令，打开"分类汇总"对话框，在对话框的"分类字段"中选择已排序的"车种"，并勾选下方需要汇总的"收入"，如图9-18所示。

❸ 单击"确定"按钮后返回，可以看到在表单左上角的行号左侧出现了一个"3级"的分级显示按钮 ①②③ ，同时在每个分类"车种"下方出现了这个车种的"汇总"行，把汇总"收入"计算出来，如图9-19所示。

图9-18   图9-19

❹ 当前是以第"3"级全部信息显示的，如果单击左上角"分级显示"按钮中的"2"级分类，则可以将第"3"级明细折叠起来，单独显示出2级每个车种的"汇总"行内容，如图9-20所示。

图9-20

若选择"1"级显示，还可以将每个车种的汇总行再折叠起来，只显示最后一行的"总计"信息。

这种分级显示可以从不同角度观看所关心的汇总信息，让多余的明细内容折叠隐藏，实现自动分类汇总的观看。

应用前再次提醒，需要先将分类字段排序，只有分类信息排放在一起，才能准确应用"分类汇总"的功能。

9.6 多级分类字段快速汇总数据

在前面的汽车销售统计报表中，如果希望对"车种"和"型号"都进行分类，分别查看不同车种、不同型号的"收入"和销售"数量"，这就是多级分类汇总。

与前面的操作相同，在"分类汇总"操作前需要对分类信息排序。排序后会打乱原表顺序,为了能够在排序和分类汇总后快速还原,特意在表前面添加了"No."编号字段。需要还原表单时,只需用这个编号字段重新升序排序即可。

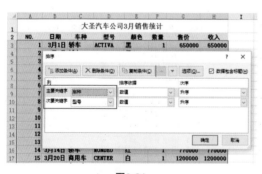

图9-21

下面来看操作。因为是2级分类，所以在排序时，要将"车种"和"型号"都进行排序。

❶ 任意选择表中的单元格，然后在"数据"工具栏中选择"排序"命令，打开"排序"对话框，在"主关键字"中选择"车种"，然后在"次要关键字"中选择"型号"，如图9-21所示。

🔍 **操作提示**

在多级分类汇总中查看数据结果时，哪个字段是一级分类，该字段在排序时就是"主要关键字"；哪个字段是二级分类，该字段就是"次要关键字"。

❷ 排序完成后，相同的车种排列在了一起，一个车种中的不同"型号"也自动进行了分类。然后打开"分类汇总"对话框，先做一级分类，选择"车种"字段为上方的"分类字段"，选择下方的"收入"为汇总项，如图9-22所示。

❸ 确定后返回，可以看到出现了"3"级分类效果，同时在车种下方出现了"车种"的汇总行。再

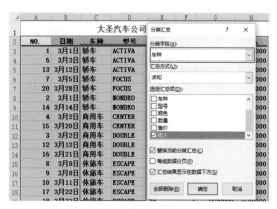

图9-22

次打开"分类汇总"对话框，将"型号"选择为"分类字段"，取消勾选对话框中间的"替换当前分类汇总"复选项，再勾选下方"数量"和"收入"两个汇总项，图9-23所示。

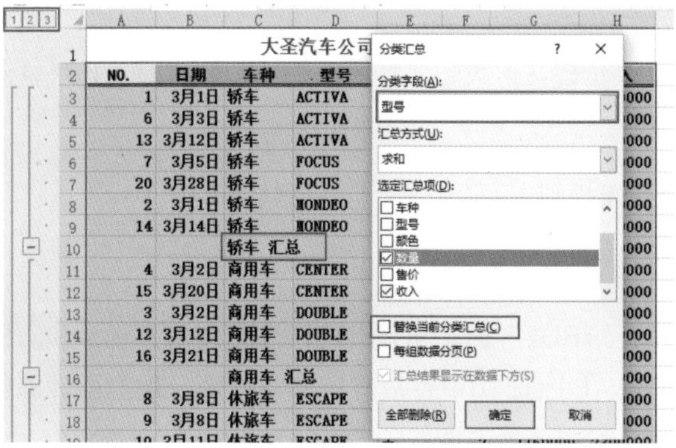

❹ 单击"确定"按钮后返回。可见左上方的分级显示出现了"4"级，当前的全部信息就是第"4"级。在每个"型号"下方也出现了汇总行，把"数量"和"收入"进行汇总计算，如图9-24所示。

图9-23

❺ 若单击左上方第"3"级显示，则可将第4级的明细折叠隐藏，只显示不同车种每个型号的收入汇总，如图9-25所示。

图9-24   图9-25

📷 操作提示

　　"分类汇总"分级显示查看完成后，可以利用"分类汇总"对话框左下方的"全部删除"按钮，将分类汇总结果及"分级显示"功能去除，还原表格。若要恢复原表的数据顺序，可以对"No."字段进行升序排序。

9.7 SUMIF单条件数据汇总

　　在Excel的函数中，SUMIF函数可以实现条件求和，在对数据进行汇总时，也经常利用这个函数配合得到结果。

　　SUMIF函数是单条件求和，它的应用规则是：

　　=SUMIF（条件区,条件,求和区）

　　条件的设置是逻辑判断，当条件为"TRUE"时，可自动将求和区内的数据求和。例如，A1到A10单元格存放一列销售日期，B1到B10中存放对应的销售额，现需要计算销售日期在2017-1-1以后的销售总额，可以设置下面的公式。

图9-26

　　=SUMIF（A1:A10,"＞=2017-1-1",B1:B10）

　　在来看个例子，下面是一个产品销售明细表单，在右侧需要计算每个产品的"加总小计"，也就是按"品名"分类，把"小计"汇总，如图9-26所示。

选中结果单元格，然后输入公式"=SUMIF($A$4:$A$19,F4,$D$4:$D$19)"，完成后将结果向下复制填充，如图9-27所示。

图9-27

"=SUMIF($A$4:$A$19,F4,$D$4:$D$19)"中的第 1 个参数是"条件区"，这里选中所有的"品名"单元格；第 2 个参数是"条件"，这里是结果表中第 1 个品名"Pad"；第 3 个参数是"求和计算区"，这里选中所有的"小计"单元格。公式设置完成后，便可在所有的品名中匹配"Pad"产品，然后把对应的小计求和。

9.8 功能拓展：SUMPRODUCT条件求和

完成这个案例的汇总计算时，除了使用 SUMIF 函数，还可以利用 SUMPRODUCT 函数配合。

SUMPRODUCT 函数的作用是计算多个数组乘积的和，利用参数是数组的特性进行条件判断和计算，而且还能实现多个数组联用，也就是多条件计算。

选中结果单元格，然后输入公式"=SUMPRODUCT(($A$4:$A$19=F4)*$D$4:$D$19)"，完成后将结果向下复制填充，如图 9-28 所示。

图9-28

 函数说明

"=SUMPRODUCT(($A$4:$A$19=F4)*$D$4:$D$19)"的作用是计算多个数组对应乘积的和，在这个函数中，只应用了一个参数($A$4:$A$19=F4)*$D$4:$D$19，所以就不用乘积，而直接把这个参数中的数组值求和。

这个参数是用两个数组相乘，第1个数组($A$4:$A$19=F4)是一个逻辑条件判断，判断A4:A19中的哪些内容和F4相同，会得到类似 {TRUE,FALSE,TRUE,FALSE…}这样一个数组结果，依据是凡是A4:A19单元格的内容等于F4的，就是TRUE(1)，不等就是FALSE(0)。然后用这个 {TRUE,FALSE,TRUE,FALSE…}数值和第2个数组D4:D19单元格对应相乘，凡是TRUE和D4:D19，相乘的结果会得到D4:D19单元格本身的数值，凡是FALSE和D4:D19，相乘的结果会得到0。最后SUMPRODUCT把这些不是0的结果相加，就计算出了符合条件的对应"小计"和。

9.9 SUMIFS多条件数据汇总

当汇总的条件是多个时，要使用SUMIFS函数来配合，SUMIFS函数本身就是多条件求和，它的应用规则是：

=SUMIFS（求和区,条件区1,条件1,条件区2,条件2……）

函数中第1个参数是"求和区"，后面跟着一组一组的条件区及条件。同样，当多个条件同时满足为"TRUE"时，可自动将求和区内的数据求和。

来看一个案例，这个例子也是一个销售表单，左侧是基础数据源，右侧上方是查询条件，黄色单元格是要得到的计算结果，也就是根据多个条件计算"总运货费"，如图

9-29所示。

图9-29

可以看到，当前需要满足3个条件：第1个是"销售地区"为"北京"；第2个是"总价"数值满足">200"；第3个是"订购日期"满足">=2017-1-1"。这是一个典型的多条件求和的操作。

选中结果单元格，然后输入公式"=SUMIFS(D2:D14,B2:B14,G3,C2:C14,H3,E2:E14, I3)"，将结果计算出来，如图9-30所示。

图9-30

函数说明

"=SUMIFS(D2:D14,B2:B14,G3,C2:C14,H3,E2:E14,I3)"中第1个参数是要计算的求和区D2:D14，第2个参数是条件区B2:B14（销售地区），第3个参数是G3（北京），第4个、第5个参数是判断条件"总价"大于200，第6个、第7个参数是判断日期。如果这3个条件全部满足，则自动将求和区的"运货费"求和。

9.10 SUMPRODUCT多条件数据汇总

如果同样的问题用SUMPRODUCT函数来解决，也可以准确地计算出结果。对于这3个条件，可以利用SUMPRODUCT函数的一个参数中数组相乘的特性来书写4个数组。

但是在书写函数前，有一个情况需要注意，就是本例中的日期条件是"＞=2017-1-1"，需要在计算前把"2017-1-1"转换成"常规"类型的"42736"这个数，否则不能计算出结果。

> 操作提示
>
> 每一个日期在将其格式转换成"常规"后，都是一个数值。所以有日期条件时，需要在应用前先转换格式，就知道对应的数据是多少。

选择结果单元格，输入公式"=SUMPRODUCT((B2:B14=G3)*(C2:C14>200)*(E2:E14>42736)*(D2:D14))"，如图9-31所示。

图9-31

> 函数说明
>
> "=SUMPRODUCT((B2:B14=G3)*(C2:C14>200)*(E2:E14>42736)*(D2:D14))" 是 4 个数组相乘。前面 3 个数组都会根据条件得到类似 { TRUE,FALSE,TRUE,FALSE… } 逻辑判断结果的数值（TRUE 可以看作是 1，FALSE 可以看作是 0）。把这 3 组逻辑值 { TRUE,FALSE,TRUE,FALSE… } 和最后一个数组（D2:D14）对应相乘，只有 3 个条件全都满足，才能得到 D2:D14 的"运货费"数值。最后利用 SUMPRODUCT 函数将这些运货费求和。

9.11 通过DSUM完成复杂"与""或"条件的数据汇总

这里再给大家放个"大招"，用"数据库函数"来计算复杂条件的数据汇总。"数据库函数"是一组函数的统称，包括数据库求和DSUM、数据库平均值DAVERAGE、数据库计数DCOUNT等。

"数据库函数"有个特点，需要先将条件书写在单元格中，利用这些单元格里的条件进行逻辑判断，条件符合后，再把指定的数据信息进行计算。

这里以数据库求和函数DSUM为例，看看数据库函数的用法。

DSUM函数的应用规则是：

=DSUM（数据源，条件区域，求和字段）

注意，第2个参数不是"条件"，而是"条件区域"。也就是说，要把条件写在单元格中，如果多个条件是"与"关系，就将条件写在一行，如果多个条件是"或"关系，就将条件写在两行中。在图9-32所示的条件中，左图是"与"关系，右图为"或"关系。

性别	年龄
男	>40

性别	年龄
男	
	>40

男 且 >40　　　　男 或 >40

图9-32

看个例子，如图9-33所示，左侧为基础数据表，需要计算"销售地区"为"北京"且"订购日期"在"2017-1-1"以后，或者"总价"数值"大于200"的总运货费用。具体操作如下：

❶ 根据要求，把条件书写在表单右侧的空白区域，如图9-33所示。

	A	B	C	D	E	F	G	H	I
1	订单ID	销售地区	总价	运货费	订购日期		销售地区	总价	订购日期
2	NJ10259	南京	¥120.80	¥3.25	2017-2-20		北京		>=2017-1-1
3	BJ100262	北京	¥350.00	¥51.30	2017-2-11			>200	
4	TJ16254	天津	¥454.00	¥22.98	2017-2-13				
5	SH10262	上海	¥460.80	¥48.29	2017-4-24				
6	BJ100461	北京	¥277.00	¥65.83	2017-2-10		运货费		
7	ZZ10257	郑州	¥386.40	¥81.91	2016-12-18				
8	XA102408	西安	¥498.00	¥32.38	2017-2-6				
9	ZZ103263	郑州	¥100.80	¥146.06	2016-2-25				
10	BJ100260	北京	¥323.20	¥55.09	2016-8-21				
11	NC10256	南昌	¥124.80	¥13.97	2017-2-17				
12	TY10288	太原	¥153.60	¥140.51	2017-2-19				
13	ZZ10258	郑州	¥156.00	¥81.91	2017-2-18				
14	BJ102449	北京	¥167.40	¥11.61	2017-2-7				

图9-33

操作提示

把条件用到的基础数据表标题先写在条件区的第1行，然后在下面书写条件，"北京"和">=2017-1-1"是同时满足的"与"关系，所以写在一行，由于总价大于200是"或"关系，所以把">200"写在下面一行。

图9-34

选择结果单元格，输入公式"=DSUM(A1: E14, "运货费",G2:I4)"，得到结果，如图9-34所示。

函数说明

"=DSUM(A1:E14,"运货费",G2:I4)"的第1个参数是基础数据表（注意选中标题），第2个参数是求和汇总的字段，第3个参数是"条件区"。Excel会自动根据条件区的条件找寻数据表满足条件的信息，然后将对应的"运货费"自动汇总计算。

第10章
信息调取和区域引用

Excel的操作单位从大到小包括：工作簿、工作表、数据区、单元格。这些操作单位有很多信息可以被利用：工作簿和工作表的信息可以被提取使用，数据区和单元格在运算和分析时往往又都是参数的组成单位。

运用好这些信息，并能够自如地实现区域和单元格引用，不仅关系到能否高效地进行数据运算和分析，也关系到能否在Excel应用中达到更高的层次和境界。

10.1 CELL信息提取

CELL函数可以把Excel工作簿、工作表以及指定单元格的信息属性提取出来。其中，提取工作簿和工作表信息往往在一起使用，就是显示出工作簿和工作表的路径文件名及工作表名字。而单元格所包含的信息非常多，可以根据需要返回颜色、行号、格式、列宽等多种信息。

 返回工作表和单元格信息的目的通常有两个，一是了解查看信息和属性，二是把这些信息当作逻辑判断条件进行辅助运算，或者快速、高速地辅助完成信息的填写等操作。

10.1.1 轻松了解各种信息及属性

CELL函数的用法并不难，应用规则如下：

=CELL(查看属性信息,查看单元格)

函数的第1个参数是指定"查看属性信息"，其中包含12种不同的信息，大多数都是

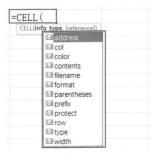

图10-1

针对单元格的，也有针对工作簿和工作表的。如果是查询当前单元格的属性信息，或是查看工作表信息，那么第2个参数可以省略。

在单元格中输入"=CELL("后，可自动出现第1个参数选项，从中选择需要查询哪个信息的内容，如图10-1所示。

看英文单词的提示也大致能猜到是返回什么信息的，这里不一一说明了，看表10-1中的简介。

表 10-1

参数应用	查询内容
"address"	返回一个区域中第1个单元格的地址
"col"	返回指定单元格的列标
"color"	如果单元格中的负值以不同的颜色显示，则为值 1；否则，返回 0
"contents"	引用中左上角单元格的值，不是公式
"filename"	包含引用的文件名（包括全部路径），必须保持表
"format"	显示单元格的类型属性
"parentheses"	如果单元格中为正值，则显示为值 1；否则返回 0
"prefix"	判断单元格的对齐方式
"protect"	如果单元格没有锁定，则为值 0；如果单元格锁定，则返回 1
"row"	返回指定单元格的行号
"type"	判断单元格中的数据类型，空白显示 "b"；文本类型显示 "l"；数值类型显示 "v"
"width"	返回单元格的列宽

其中，在选择format参数时，是返回和显示单元格的类型属性，不同的单元格格式返回的值不同，我们要了解这些返回值，才能让它们发挥作用。在图10-2中显示了选择format当作参数时，单元格类型和返回的结果对照情况。

根据前面的对照表，有经验的人在实际工作中通过观察CELL函数的结果，不用打开"设置单元格格式"对话框，便可对单元格的格式一目了然，看一下CELL函数的应用方法，如图10-3所示。

Excel 格式	CELL 函数返回值
常规	"G"
0	"F0"
#, ##0	", 0"
0. 00	"F2"
#, ##0. 00	", 2"
¥#, ##0. 00	"C2"
0%	"P0"
0. 00%	"P2"
d-mmm-yy 或	"D1"
h:mm:ss AM/PM	"D6"
h:mm	"D9"

图10-2

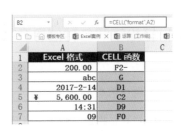

图10-3

操作提示

着重说一下图10-3中最后的“P0”，其实可以简单地将“P0”理解为“自定义”类型。说明单元格中的“09”并不是“文本”类型，而是用自定义“00”设置的数值占位格式。

10.1.2 单元格属性当作条件判断

有了这些不同的返回结果，除了让我们观看外，其实还能用返回结果当作条件判断的条件。下面以“TYPE”参数返回单元格是否为“数值”为例，看看实际工作中的运用。

CELL函数中第1个参数若使用了“TYPE”，可以通过返回的结果了解单元格内容是否为“数值”，图10-4所示是“TYPE”参数的基本用法和返回结果。

Excel 格式	CELL 函数返回值
200.00	v
abc	1
300	v
¥5,600.00	v
北京	1

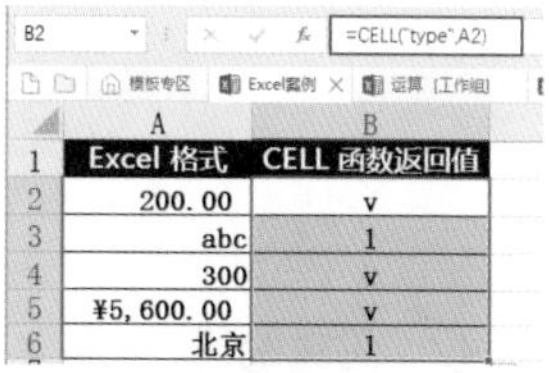

图10-4

可以看到，单元格中是数值类型的，结果都会显示“V”，而非数值类型则显示“1”，利用返回的不同结果，就可以当作条件进行判断。

看个例子，有一个交税金额表，填写了交税金额的单元格，就用金额×15%，算出税费；要是显示“无需交税”的文字，则税费为“0”。

交税金额	税率 15%
1200	180
无需交税	0
2100	315
1000	150
无需交税	0

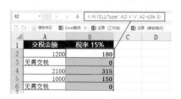

图10-5

按照这个条件，只需判断单元格中“TYPE”参数的结果，在结果中直接输入公式“= IF(CELL("type", A2) = "v", A2 *15%, 0)”，并向下复制填充公式，如图10-5所示。

函数说明

“= IF(CELL("type", A2) = "v", A2 *15%, 0)”是一个IF条件判断函数，判断的条件是A2单元格的CELL结果是“V”，也就是A2单元格是数值，如果是数值，则执行A2 *15%，否则就显示为0。其实，利用8.3节中介绍的判断单元格是否为数值的ISNUMBER函数，也可以得出这个结果，公式是“=IF(ISNUMBER(B2), A2 *15%,0)”。

10.1.3 把工作表名称快速添加到数据表中

CELL函数的“filename”参数可以返回当前工作簿和打开工作表的完整路径信息，当然，前提是文档必须先要保存。看个例子，在单元格中直接输入公式“=CELL("filename")”，确定后可以看到在单元格中出现工作簿和工作表的完整路径，如图10-6所示。

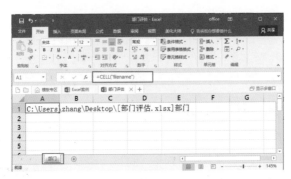

图10-6

 函数说明

在函数结果中，"[ ]"前面的信息是文件路径，"[ ]"里面的内容是文件名，后面的"部门"是当前工作表的名字。

如果希望单元格中只显示当前的工作表名字，而不是完整路径，则需要用MID函数配合进行提取。

在结果单元格中输入公式"=MID(A1,FIND("]",CELL("filename"))+1,100)"，确定后便会从完整路径中提取出当前工作表名字，如图10-7所示。

图10-7

 函数说明

"=MID(A1,FIND("]",CELL("filename"))+1,100)"是文本提取函数，第1个参数A1是提取完整路径所在的A1单元格；第2个参数"FIND("]",CELL("filename"))"是查找函数，作用是在CELL显示的完整路径中查找最后一个括号"]"的位置，然后"+1"，就会自动从"]"后一个单元格开始提取；第3个参数写了"100"，说明是向后提取100个字的内容（100个字足够包含工作表的名字长度）。

有了可以任意提取工作表的名称方法后，来看一个实际工作中的问题。图10-8中是3个人员的绩效考核表，用7.6节介绍的"工作组"方法可以快速将表单制作完成。

图10-8

现在的问题是如何快速添加每张表上方的标题（"工作表"名字+绩效打分），避免一张一张地手动添加或者复制/粘贴的麻烦。

来看操作：

❶　先选中第1人的工作表，然后按住键盘上的Shift键，再选中最后1个人的工作表，将所有的工作表全选，在Excel窗口上方会出现"工作组"文字，如图10-9所示。

❷　选中标题所在的单元格，然后输入公式"=MID(CELL("filename", A1),FIND("]",CELL("filename"))+1,100)&"绩效打分""，如图10-10所示。

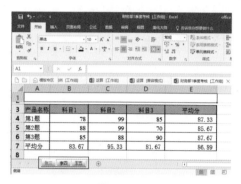

图10-9　　　　　　　　　　　　　　　　　图10-10

　函数说明

"=MID(CELL("filename",A1),FIND("]",CELL("filename"))+1,100)&"绩效打分""是一个"&"文本相加公式，是工作表名加上"绩效打分"的固定文字。"&"前面是MID提取函数，第1个参数是提取内容，用了CELL("filename",A1)嵌套，意思是提取完整的路径加工作表名；第2个参数是从多少位开始提取，用了FIND("]",CELL("filename"))+1公式嵌套，意思是从"]"的位置后加1个字符开始提取；第3个参数是提取多少位，写成"100"，意思是向后提取100个字的内容。这样就可以把每张工作表的名字自动提取出来后再结合"&""绩效打分"文字。

❸　完成公式并确定后，便可看到每张表的标题自动填写完成，如图10-11所示。

图10-11

有了这个神技能后，不管是一个月一张表，还是一个人一张表，再也不用机械地逐个添加与工作表相同的标题文字，节省了大量时间。

10.2 调取行号和列标

Excel是由一个又一个单元格组成的电子表格，区分这些单元格的就是每个格的坐标，即每个格的"行号"和"列标"。

Excel设置了两个函数——ROW和COLUMN，分别提取单元格所在的"行号"和"列标"。

用 ROW 和 COLUMN 分别提取单元格的"行号"和"列标"，本身的意义不大，但是把提取出的"行号"和"列标"数字当作其他函数的参数，便可以实现随着函数的结果向下或者右复制填充，让函数中的参数值自动变化的动态参数效果。

ROW函数和COLUMN函数的应用规则是一样的：

=ROW(单元格)

或者

= COLUMN (单元格)

如果函数没有参数，不指定计算哪个单元格，则会得到当前结果所在的单元格"行号"或"列标"。

例如，"=ROW(B3)"，结果就是"3"；"= COLUMN（B3）"，结果就是"2"。

再如，当前结果在C4单元格，输入"=ROW( )"，结果就是"4"；输入"= COLUMN（）"，结果就是"3"。

10.3 功能拓展：利用ROW函数获得自动编号

利用 ROW 函数和 COLUMN 函数能够自动实现行号列标的计算。所以，如果把 ROW 函数的结果向下复制，就是一列行号；如果把 COLUMN 函数的结果向右复制，就是一行列号。

先来看看用常规方式做的表"编号"效果，如图 10-12 所示的表中，第 1 列"编号"信息是手动书写的数字信息。

手动书写的编号最大的问题就是当把最后两行信息移动到中间后，编号还需要重新填充，否则顺序会混乱，如图 10-13 所示。

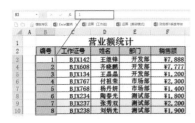

营业额统计

编号	工作证号	姓名	部门	销售额
1	BJX142	王继锋	开发部	¥7,888
2	BJX608	齐晓鹏	开发部	¥7,777
3	BJX134	王晶晶	开发部	¥1,200
4	BJX767	付祖荣	市场部	¥2,300
5	BJX768	杨丹妍	市场部	¥1,400
6	BJX234	陶春光	测试部	¥1,800
7	BJX237	张秀双	测试部	¥2,200
8	BJX238	刘炳光	测试部	¥1,900

图10-12

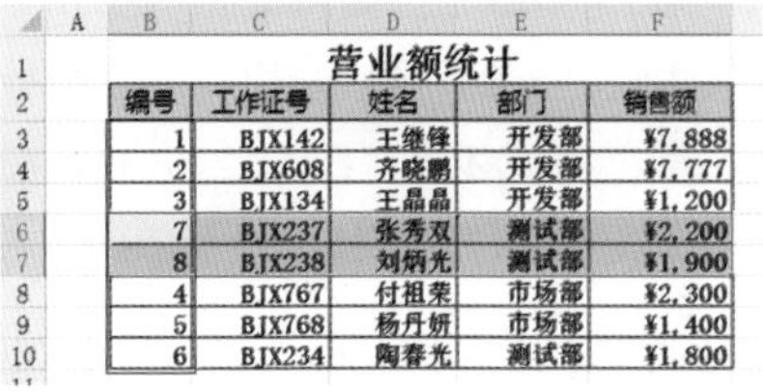

营业额统计

编号	工作证号	姓名	部门	销售额
1	BJX142	王继锋	开发部	¥7,888
2	BJX608	齐晓鹏	开发部	¥7,777
3	BJX134	王晶晶	开发部	¥1,200
7	BJX237	张秀双	测试部	¥2,200
8	BJX238	刘炳光	测试部	¥1,900
4	BJX767	付祖荣	市场部	¥2,300
5	BJX768	杨丹妍	市场部	¥1,400
6	BJX234	陶春光	测试部	¥1,800

图10-13

如果把手动编号删除，改成ROW函数配合，则可以自动完成编号的调整。

当前表中第1个编号位于Excel的第3行，所以在第1个编号所在单元格中输入公式“=ROW()−2”，确定后把结果向下复制填充，如图10−14所示。

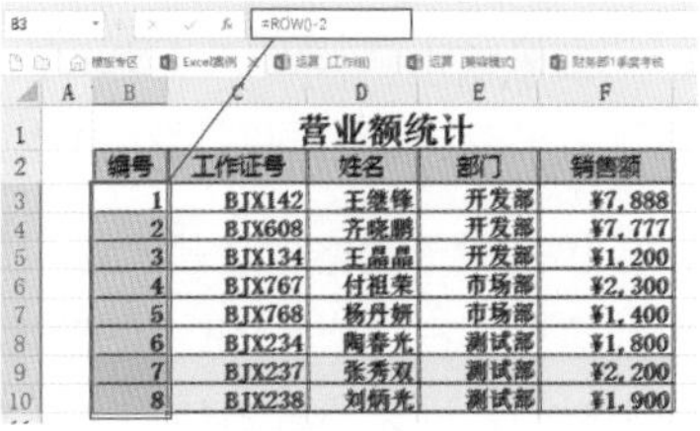

营业额统计

编号	工作证号	姓名	部门	销售额
1	BJX142	王继锋	开发部	¥7,888
2	BJX608	齐晓鹏	开发部	¥7,777
3	BJX134	王晶晶	开发部	¥1,200
4	BJX767	付祖荣	市场部	¥2,300
5	BJX768	杨丹妍	市场部	¥1,400
6	BJX234	陶春光	测试部	¥1,800
7	BJX237	张秀双	测试部	¥2,200
8	BJX238	刘炳光	测试部	¥1,900

图10-14

函数说明

“=ROW()-2”是用当前单元格的行号（当前的行号是3）减2，得到第1个编号。向下复制填充，自动得到每行的编号。

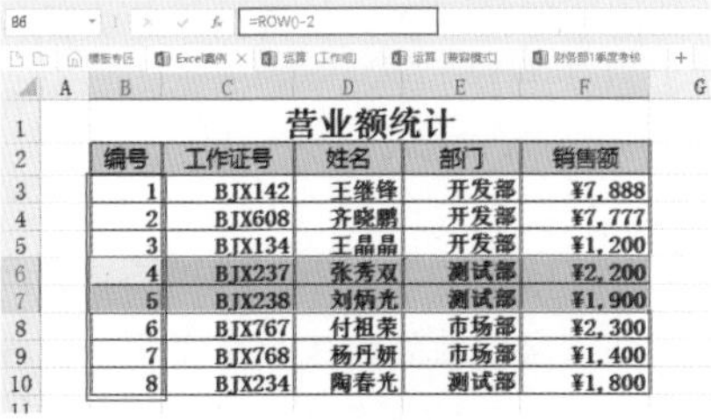

营业额统计

编号	工作证号	姓名	部门	销售额
1	BJX142	王继锋	开发部	¥7,888
2	BJX608	齐晓鹏	开发部	¥7,777
3	BJX134	王晶晶	开发部	¥1,200
4	BJX237	张秀双	测试部	¥2,200
5	BJX238	刘炳光	测试部	¥1,900
6	BJX767	付祖荣	市场部	¥2,300
7	BJX768	杨丹妍	市场部	¥1,400
8	BJX234	陶春光	测试部	¥1,800

图10-15

用ROW函数制作出来的行编号，无论在中间添加信息还是把后面的内容插入到前面，都可以自动按顺序调整行编号，如图10−15所示。

10.4 用ADDRESS和INDIRECT配合提取指定信息

在Excel中，单元格地址通常都是用键盘直接输入或者在公式状态下用鼠标单击单元格自动出现的。但是在计算时，为了实现固定选区和方便用计算的结果来指定单元格，还应学会用ADDRESS函数来生成单元格地址。

ADDRESS函数的应用规则是：

=ADDRESS(第几行，第几列，引用方式，显示方式，引用工作表名字)

看上去好像很复杂，其实前两个参数最重要，而后面的几乎都可以省略。简要说明一下：第1个参数是单元格的行号（用数字表达）；第2个参数是单元格列号（用数字表达）；第3个参数是指定单元格的引用方式，若用"绝对地址"，可以忽略或写1，若用"相对地址"，就写4，若用"混合地址"，就写成2或3；第4个参数是把单元格地址显示成"A1"方式还是"R1C1"方式，忽略就是我们熟悉的"A1"方式；第5个参数是引用的工作表名字，忽略就不显示工作表名。

如果在单元格中输入"=ADDRESS(4,3)"，则会立刻得到第4行第3列用绝对地址显示的单元格地址，也就是"$C$4"。

如果输入"=ADDRESS(3,5,4,,"部门考核")"，则立刻会得到工作表名为"部门考核"，第3行第5列同时用相对地址显示的单元格地址为"部门考核! E3"。

仅生成单元格地址是不够用的，还需要使用INDIRECT函数配合对生成的单元格地址内的信息进行提取。INDIRECT函数的作用可以提取单元格地址中（或者"名称"区域）的内容，这样才使得到的地址具有真正的意义。

可以这样说，ADDRESS函数和INDIRECT函数就是"天生的一对"，通常在应用时都是成双成对地出现。

10.4.1 固定单元格计算

用函数得到单元格地址，表面上和直接输入单元格地址差不多，仅看结果还会给人一种用函数得到单元格地址是多此一举的假象，好像意义不大，实际上用函数得到单元格地址在计算时是非常有必要的。

图10-16

看个例子，在图10-16所示的表中罗列出了两个产品的销售数据，仔细观察可以看到表中日期是每天更新的，而且会把当天最新的信息放在表的最上面，采用日期降序的方式排列。表以这样的方式排列，其优势是可以在表的上方随时看到每天的最新销售数据。

当前是用SUM函数把第1行两个产品销售额所在的单元格直接引用进行运算，所以当第2天在原来的第一行日期前又"插入"一个空行，输入新日期和产品销售额后，可以看到，函数公式中的地址还指向了原有的单元格，并没有更新到目前的第1行数据，如图10-17所示。

要解决这个问题，就应该使用ADDRESS函数生成单元格地址，来看操作：

在结果单元格中输入公式"=INDIRECT(ADDRESS(2,2))+INDIRECT(ADDRESS(2,3))"，确定后可得到当前第1行数据的计算结果，如图10-18所示。

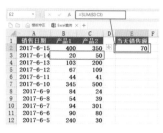

图10-17

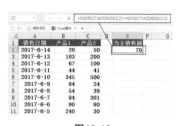

图10-18

 函数说明

"=INDIRECT(ADDRESS(2,2))+INDIRECT(ADDRESS(2,3))" 用了 INDIRECT 函数来提取指定单元格的内容，然后把提取后的单元格中的数据相加。提取的单元格有两个：第一个是 ADDRESS(2,2)，也就是第 1 个数的位置在第 2 行第 2 列；第二个是 ADDRESS(2,3)，也就是第 2 个数的位置在第 2 行第 3 列。

这样，即便每天在原来的第一行日期前再插入一个空行，输入新日期和数据后，也不会改变这个公式始终计算第一行的数据结果，如图10-19所示。

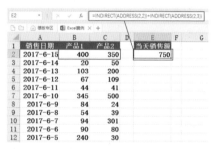

图10-19

 用这样的函数公式始终计算的是 ADDRESS(2,2) 和 ADDRESS(2,3) 这两个单元格的内容，不会随着引用单元格地址的变化让计算区域发生变化。在实际工作中，凡是固定区域的运算都可以采用类似的方法。

10.4.2 行列信息互换

利用ADDRESS函数能够计算出单元格地址的特点，还能用函数配合将数据信息的行列进行互换。

在Excel中能够实现行列互换的方法有很多，常见的有三种：用"选择性粘贴"中的"转置"功能；用TRANSPOSE函数；用ADDRESS函数和INDIRECT函数配合。

这三种方法各有优势，下面简单介绍一下它们各自的使用套路。

❶ 用"选择性粘贴"中的"转置"操作实现数据行列互换，操作最简单，不需要函数，只要复制信息后，用"选择性粘贴"中的"转置"命令，即可完成数据行列互换，缺点是粘贴完的数据和原数据没有关系，不能实现同步更新。

❷ 用TRANSPOSE函数也可以实现将一个区域的信息行列互换，但是应用这个函数时通常要配合数组公式（公式完成后用Ctrl+Alt+Enter组合键确定），而且还要选择与数据对等数量的单元格，因此操作较为麻烦。

❸ 用ADDRESS函数和INDIRECT函数配合，要用函数嵌套完成，表面上看好像较为复杂，其实一旦掌握方法，它不仅可以完成连续区域的行列互换，还能挑选信息做行列转换，所以这种方式最灵活。

	A	B
1	编号	姓名
2	001	王继锋
3	002	齐晓鹏
4	003	王晶晶
5	004	张秀双
6	005	刘炳光
7	006	付祖荣
8	007	杨丹妍
9	008	陶春光

图10-20

下面来看个例子，用ADDRESS函数和INDIRECT函数配合实现数据信息的行列互换。

在这个例子中，有一列人员姓名信息，现在的要求是把它转换成横向显示，如图10-20所示。

❶ 可以看到第1个人的名字在表单第2行（B2单元格），因此，先在旁边的单元格中输入数字"2"，然后横向填充至数字"9"（一共8个人）。

❷ 在数字"2"的下面输入公式"=INDIRECT(ADDRESS(D1,2))"，然后向右复制填充至最后，如图10-21所示。

图10-21

> **函数说明**
>
> "=INDIRECT(ADDRESS(D1,2))"用INDIRECT提取ADDRESS(D1,2)地址的内容，在ADDRESS(D1,2)中，第1个参数D1是行信息，所以是第2行；第2个参数"2"是列信息，所以是第2列。把结果向后填充，就得到每1行第2列的数据实现数据行列互换。若想实现挑选的数据行列互换，只需更改上方辅助行的数字，数字写成几，就是转换那行的数据。

10.4.3 从表中任意调取信息

如果数据源是一个二维表单，借助ADDRESS函数和INDIRECT函数配合，就能实现从中任意调取想查看的信息。

来看个例子，图10-22所示是一个"价格变量对照表"。

	ID	1	2	3	4	5	6	7	8	9	10	11	12
		变量1	变量2	变量3	变量4	变量5	变量6	变量7	变量8	变量9	变量10	变量11	变量12
价差10	1	34	35	42	55	38	67	98	69	87	71	97	22
价差20	2	2	50	40	74	42	57	29	47	68	26	53	15
价差30	3	67	83	66	85	41	17	49	17	99	68	95	7
价差40	4	4	62	37	22	53	12	49	84	83	46	12	4
价差50	5	5	69	16	79	57	22	38	99	71	84	48	24
价差60	6	6	9	81	80	62	54	32	83	63	71	2	10
价差70	7	7	70	30	68	69	56	6	51	1	12	16	28
价差80	8	8	99	48	73	0	49	88	17	64	27	92	90
价差90	9	9	90	4	36	19	30	3	90	99	83	97	19
价差100	10	10	33	27	38	53	68	91	61	2	16	73	76
价差110	11	11	76	70	13	85	25	60	58	27	86	30	57
价差120	12	90	24	9	46	85	75	95	41	70	92	85	32

图10-22

这是一个二维表单，行标题是"价差"递增，列标题是"变量"递增。现在想根据需要任意调取表中的一组数据（每行、每列各取一个值组成一组数据）进行模拟分析。

下面来看操作：

❶ 先在表下方做一个标题"选择查看价差"，然后选中后面一行空格，打开"数据"工具栏中的"数据验证"对话框，选择"序列"条件，然后在"来源"框内选择数据源表的"ID"一列。确定后，便可在这一行中任意选择每行的"ID"编号，如图10-23所示。

图10-23

❷ 用同样的方法再做一行选择列"ID"编号的数据验证。这样就可以通过两行分别进行ID的选择，为灵活地选择查看单元格地址做准备。

❸ 下面制作选择查看单元格地址的行信息。通过观察看到，表中的第1个数据信息在第4行第3列，所以每个数据的位置都是"行号-3"和"列号-2"。按照这个规律把行列地址信息做在下方，如图10-24所示。

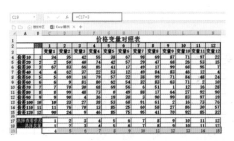
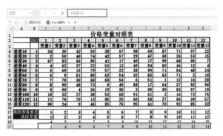

图10-24

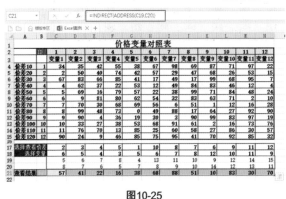

图10-25

❹ 最后制作"查看结果"数据，在单元格中输入公式"=INDIRECT (ADDRESS(C19, C20))"，把结果横向复制填充，可根据需要任意修改上面的"价差"ID和"变量"ID，最终的结果可自动根据位置进行调取，如图10-25所示。

✎ **函数说明**

"=INDIRECT(ADDRESS(C19,C20))"用 INDIRECT 提取 ADDRESS(C19,C20) 中的内容，其中，C19 单元格是提取数据的行位置，C20 单元格是提取数据的列位置。

要是能熟练应用 10.6 节介绍的 OFFSET 函数，那么这个例子还能被简化，只要提供需要查询的行、列 ID，便可根据 OFFSET 函数自动偏移调取对应的数据，无须再用"行号 –3"和"列号 –2"的方法制作出两个辅助行，建议大家在学习完 OFFSET 函数后返回这个案例自己尝试一下。

10.5 名称

所谓"名称"，就是给单元格区域或是一个函数公式命名。一旦有了命名，再去引用这个区域或是函数公式，就可直接利用名字来调取，而不再用地址引用或写完整的函数公式。

名称是一种高级Excel操作，可以使复杂的公式变得更加简捷，增加易读性和可操作性。

先来看个求和函数，"=SUM(多列匹配vlookup!D2:D9,'销售统计表–统计'!C5:C11,'Offset–countif数组'!B2:B9)"。这个公式是把三个地区的销售额求和，要完成的工作特别简单，可是看了公式谁能看明白这是计算什么？要是不把这些表和数据区搞清，谁都不知道在计算什么。

如果使用"名称"配合计算，公式便可简化为"=SUM(北京,南京,上海)"，这样的公式不仅方便理解和修改，更是一种"模块化"的工作方式。

10.5.1 三种常见的地址名称命名

对于地址区域命名的"名称"，有三种命名方法都很实用。

1. 用鼠标右键快捷菜单命名

来看个例子，在数据信息量较大的数据表中间，有一个经常要引用和对比的区域，要对这个区域命名，首先要将其选中，然后单击鼠标右键，在弹出的快捷菜单中选择"定义名称"命令，如图10–26所示。

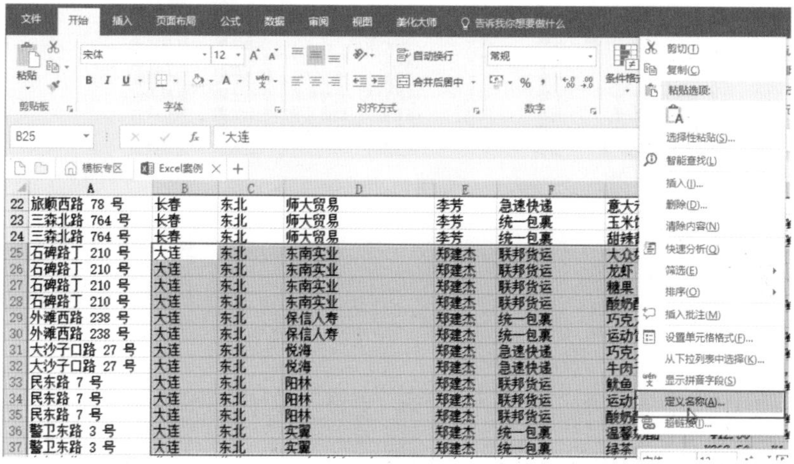

图10-26

打开"新建名称"对话框，在"名称"框中自动将这个区域左上角活动单元格的内容"大连"当作名称命名，在下方"引用位置"框中自动把选中区域的地址显示在其中，如图10–27所示。

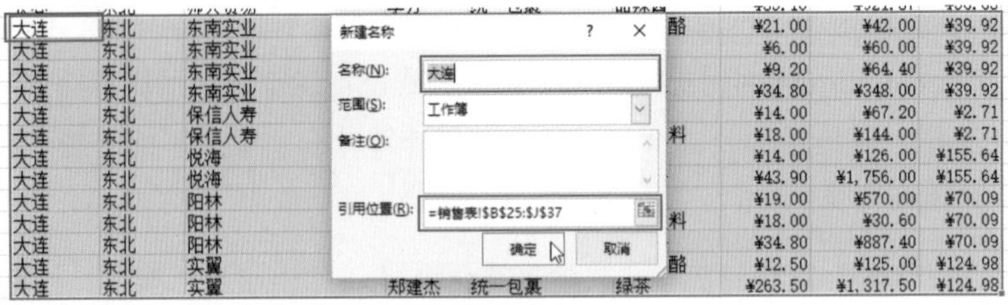

图10-27

在图10-27的"范围"框中，默认是"工作簿"，也就是说，整个文档都能使用这个名称，无须更改。确定后，"名称"的命名就完成了。在应用时，无论在这个工作簿的哪个工作表中，只要展开窗口左上角"名称框"的下拉列表，便会罗列出所有的名称，刚刚新建的"大连"名称就排列在其中，如图10-28所示。

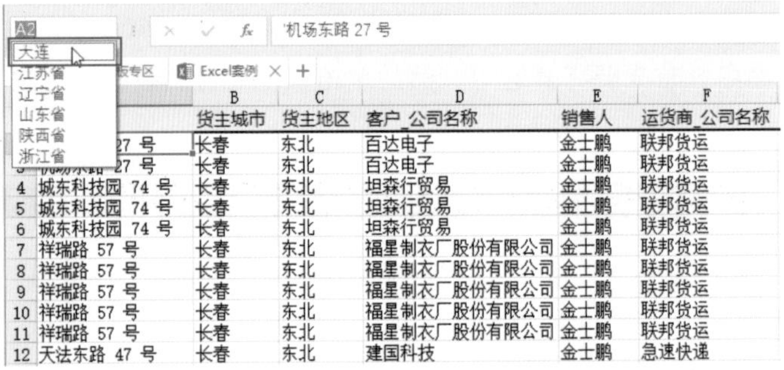

图10-28

只要用鼠标单击该"名称"，便可立即返回名称所在的工作表，并将名称区域选中，如图10-29所示。

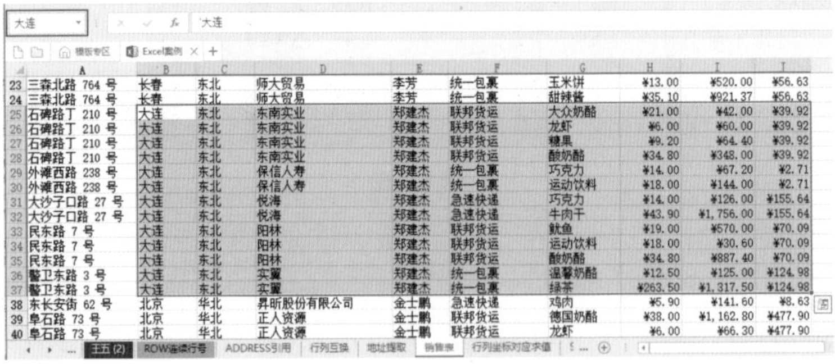

图10-29

自此，这个区域就有了名字，可以随时被公式或函数通过名字来调用。

2. 利用名称框直接命名

其实，"名称框"不仅可以用于选择名称，还可以用它直接命名。只需先选择名称代表的数据区域，然后用鼠标单击"名称框"，接着用键盘输入命名的文字，输入完成后按Enter键确定，名称便可直接命名完成，如图10-30所示。

图10-30

> **操作提示**
>
> 注意，命名时不可用特殊字符和标点符号，也不要用简单的数字和字母，以免和行号列标混淆，最好用中文词或者英文单词组合。

3. 指定字段名当作名称命名

在字段表中，若要为1列信息命名，可以借助这一列的字段标题来直接命名，在本书3.7节中，就曾经这样为不同省份的城市命名。

看个例子，选中连同标题在内的一整列数据，然后选择"公式"工具栏中的"根据所选内容创建"命令，如图10-31所示。

图10-31

在打开的对话框中，默认勾选"首行"选项，不用调整，直接单击"确定"按钮，如图10-32所示。

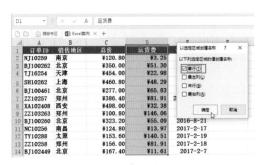

图10-32

这样便把整个区域中第1行标题的内容当作名称命名，把下面的数据区当作名称的区域。

10.5.2 公式名称

名称不仅可以代表一个单元格区域，也可以代表一个函数和公式。把公式做成名称有两个显而易见的好处：第一，可以把嵌套的函数公式简单化；第二，可以打破7层函数嵌套的“枷锁”，把多层嵌套的函数公式命名，再把名称用于多层嵌套的其他函数，就可以打破嵌套限制。

下面来看一个例子，这是一个部门销售额计算份额百分比的案例，如图10–33所示。我们用三种不同的操作方法来计算结果，大家可以对比一下。这3种操作分别是用单元格地址、地址名称和公式名称。

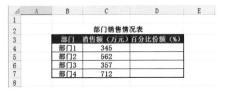

图10-33

图10-34

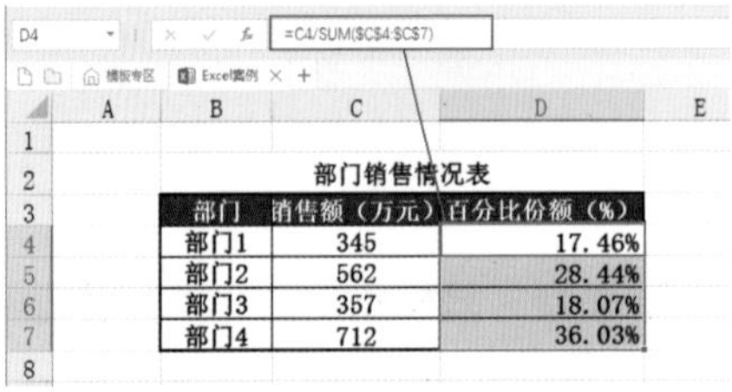

方法1：用单元格地址运算

把光标放在结果单元格中，输入公式“=C4/SUM($C$4:$C$7)”，然后将结果向下复制填充，如图10–34所示。

函数说明

公式“=C4/SUM($C$4:$C$7)”用第1个部门所在的C4单元格除以4个部门的销售总额（SUM($C$4:$C$7)，就得到了这个部门的份额比例。注意，地址要用“$”绝对地址，因为向下复制公式时，4个部门的销售额数据是固定的。

方法2：用“地址名称”运算

首先选中连同“销售额”标题在内的所有销售额单元格，然后选择“公式”工具栏中的“根据所选内容创建”命令，打开对话框，如图10–35所示。

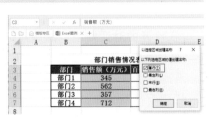

图10-35

确定后，在第1个结果单元格中输入公式"=C4/sum("后，按键盘上的F3键，调出"粘贴名称"对话框，在对话框中选择"销售额_万元"名称，如图10-36所示。

确定后，关闭对话框，此时"名称"出现在公式中，输入公式完成后，向下复制填充计算完成，如图10-37所示。

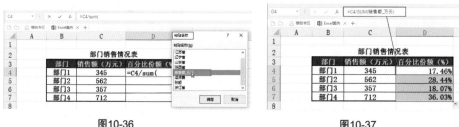

图10-36　　　　　　　　　　　　　　图10-37

函数说明

公式"=C4/SUM(销售额_万元)"使用了"销售额_万元"名称，"销售额_万元"代表了4个部门销售额所在的单元格区域。

方法3：用"公式名称"运算

首先选择"公式"工具栏中的"定义名称"命令，打开"新建名称"对话框，在"名称"框中键入名字"total"，在下方的"引用位置"栏中输入公式"=SUM('地址引用(2)'!$C$4:$C$7)"，如图10-38所示。

图10-38

确定后，关闭对话框。然后在第1个结果单元格中输入公式"=C4/"，再输入一个字母"t"后，便会立即调出"T"开头的所有函数列表，自己刚刚新建的"公式名称"也排列在其中，用鼠标将其选中，如图10-39所示。

双击应用，便可将"total"名称应用在公式中，即"=C4/total"。确定后，把结果向下复制填充，如图10-40所示。

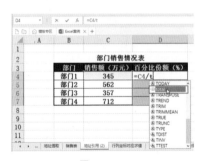

图10-39   图10-40

✏️ 函数说明

　　公式"=C4/total"表达的含义非常明确，就是"部门/总量"，在计算"总量"时应用了"公式名称"，这种公式名称可以使公式简捷易懂。在应用时除了输入首字母在列表中选择外，也可以用前面介绍的 F3 键调出"粘贴名称"对话框粘贴名称。

10.6　了解OFFSET偏移选区函数

　　OFFSET函数和前面讲的ADDRESS函数有类似之处，函数的结果不是一个数值，而是一个地址区域。由于它可以通过一个"基准单元格"进行"行、列"偏移后的选择区域，因此也被称为"偏移选择"函数。

　　OFFSET函数最终的目的是选择一个地址区域，它的应用规则是：

　　=OFFSET(基准单元格 , 偏移行 , 偏移列 , 选择几行 , 选择几列)

　　这个函数的参数有很多，但当我们了解函数的应用后，会发现这个函数的参数还是非常容易理解的。

　　在5个参数中，"基准单元格"是指定的一个单元格，也就是最终选择区域的参照；"偏移行"是从基准单元格开始向下或向上指定偏移几行；"偏移列"是从基准单元格开始向右或向左指定偏移几列；"选择几行"是最终需要选择多少行；"选择几列"是最终需要选择多少列。

　　OFFSET 函数的作用是选择一个区域，如果这些参数都是常量，就体现不出这个函数的作用。而一旦让"偏移行列"或是"选择几行几列"变成自动变化的数据，便可实现选区的自动调整或随数据自动伸缩选区，也就是动态选区，即：选择数据区域随着数据量的变化可自动调整的完美效果。

　　为了弄清函数的基本应用，先来看固定选区的例子，假如图10-41中A1单元格是基准单元格，最终要选择B3:C6固定单元格的区域。

按照OFFSET函数的应用规则，应该输入下面的公式：

=OFFSET(A1 ,2 ,1 , 4 ,2)

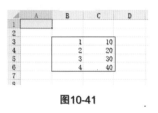

图10-41

 函数说明

"=OFFSET(A1 ,2 ,1 , 4 ,2)"中基准单元格是 A1，说明以 A1 单元格作为参照，第 2 个参数偏移行是 "2"，说明向下偏移 2 行（从 A1 偏移到 A3 单元格），第 3 个参数偏移列是 "1"，说明向右偏移 1 列（从 A3 偏移到 B3 单元格），第 4 个参数是 "4"，说明从 B3 单元格开始向下选择 4 行（从 B3 选择到 B6），第 5 个参数是 "2"，说明向右选择 2 列（从 B3 选择到了 C6）。

如果基准单元格就是A7，还选择B3:C6区域，公式就要更改成 "=OFFSET(A7 ,-4 , 1 , 4 ,2)"，第2个参数是负的，说明向上偏移4行到A3单元格，后面的参数如果有负数，都是向相反方向偏移或选择，在此不再赘述。

如果基准单元格就是B3，再选择B3:C6区域，公式就能简化为 "=OFFSET(B3 ,0 ,0 , 4 ,2)"。从B3单元格开始，不偏移行和列，直接选择下面4行和右侧2列，即B3:C6区域。

10.7　OFFSET函数动态选区求和

OFFSET函数的作用是动态偏移选区，在计算函数时，用这个函数的结果作为地址引用，比直接用单元格地址引用要灵活得多。

下面以大家熟悉的SUM函数为例，来看看OFFSET函数的基本应用。

 动态选区求和的应用需求其实并不是很大，因为只要在 SUM 函数应用时，把区域做得足够大（甚至可以大到一整列），就可以实现数据随意增减，且 SUM 函数的结果自动变化的效果。这里主要是让大家了解 OFFSET 函数在计算中是怎么配合的，这样才能充分理解后面拓展应用及其他章节所演示的方法。

用SUM函数计算一个区域中的数据求和时，通常都是用鼠标拖选或用键盘输入计算单元格的地址区域，如图10-42所示。

用这种方式得到的函数结果是固定的计算区域，如果在数据区域后面追加新的数据，函数结果是不变的，如图10-43所示。

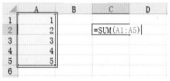

图10-42

下面换成OFFSET函数对这个数据区的数据进行求和。

在结果单元格中输入公式"=SUM(OFFSET(A1,0,0,COUNT(A1:A100),1))"，可以得到动态区域求和，如图10-44所示。

图10-43   图10-44

 函数说明

"=SUM(OFFSET(A1,0,0,COUNT(A1:A100),1))"中，SUM求和函数的参数不是一个固定的地址引用，而是应用了OFFSET(A1,0,0,COUNT(A1:A100)函数嵌套。OFFSET函数的第1个参数是基准单元格，本例就是第一个数据A1；第2个和第3个参数是偏移行列，本例用0表示不发生偏移；关键是第4个参数，是选择几行数据，本例使用了COUNT(A1:A100)计数函数，可计算出A1到A100单元格中数据的个数，这样就实现了有几个数据就选择几行；第5个参数是1，说明选择当前1列。

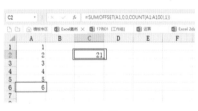

图10-45

用这个方法可以实现有几个连续数据就自动选择几行计算，所以计算的单元格区域是一个动态选区。若在数据的下面添加一个新数据，SUM函数的计算区域会自动变化，得到当前所有数据的结果，如图10-45所示。

10.8 功能拓展：OFFSET动态设置"数据验证"序列来源

OFFSET函数可以实现自动选区功能，借助这个"神技能"，在Excel中有太多的地方需要借助它帮忙了。

在本书3.1.2节中介绍了利用"数据验证"功能来填写分类文本，如果分类内容多，需要先在表单外面制作一个分类信息列表。然后在表单中应用"数据验证"中"序列"条件的来源选择这个区域。

例如，在"部门"列表中制作部门序列，如图10-46所示。

图10-46

"序列"条件的数据来源是固定区域，所以在数据源下方增加新的部门后，"数据验证"的来源中不会发生变化，每次只能手动更改数据源。

如果用 OFFSET 函数配合应用"数据验证"，实现动态数据来源选区，则可以实现数据区的内容随着数据源的多少自动变化。

操作时，只需在"数据验证"对话框的"序列"条件来源框中输入公式"=OFFSET($J$3,0,0,COUNTA($J$3:$J$100),1)"，如图 10-47 所示。

图10-47

"=OFFSET($J$3,0,0,COUNTA($J$3:$J$100),1)"中用 J3 当作基准单元格，不偏移行列，从 J3 开始到 J100 中有多少个数就选择多少行（本例是"部门"文本信息，所以在计数时要用 COUNTA 函数，这部分内容参见 12.1 节的介绍），选择 1 列。

有了这个函数的协助，在数据源的下面增加新的部门内容后，再填表时，可见数据表中的"序列"表里会自动出现新增部门，如图 10-48 所示。

在本节，大家了解了什么是动态选区。所谓动态选区，其实就是在函数的最后两个参数中不使用常量来决定选择几行几列，而是用 COUNT 函数（统计数）或是 COUNTA 函数（统计文本）自动根据数据多少来动态选择。

图10-48

10.9　OFFSET函数动态汇总最后5天数据

图10-49

OFFSET函数是偏移选择区域的函数，利用它可以从一个基准单元格区域偏移的功能，还能配合完成很多动态自动选区的效果。

案例：在图10-49所示的表中有每天的销售额数据，每天都会在表后增加当天的销售额。现在的要求是计算出最近5天的销售总额。

图10-50

先来分析一下，销售信息每天都会新增，现在要做的是无论数据多少，都自动计算出最后的5项数据，所以需要配合偏移行进行操作。

选择结果单元格后，直接输入公式"=SUM(OFFSET(B2,COUNT(B2:B300)−1,0,−5,1))"，如图10-50所示。

✔ **函数说明**

"=SUM(OFFSET(B2,COUNT(B2:B300)-1,0,-5,1))"中，OFFSET 函数配合动态选择最后的 5 个数据。第 1 个参数是基准单元格，本例用 B2，也就是第 1 个销售额数据；第 2 个参数用来指定偏移的行，本例用 COUNT(B2:B300)-1，说明是从第 1 个单元格向下偏移有多少个数减去 1 个，也就是偏移到最后一个数据单元格；第 3 个参数是指定偏移列，本例为 0，说明不偏移列；第 4 个参数是指定选择多少行，本例用 -5，说明向上选择 5 行，也就是最后的 5 个数；第 5 个参数是指定选择几列，本例用 1，说明只选择当前一列。这样便可以根据数据的多少，都从最后向上选择 5 个数据来进行 SUM 求和。

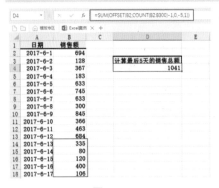

图10-51

函数计算完成后，再向表中添加新的数据，结果始终会保持只计算最后5个数据信息，如图10-51所示。

10.10 OFFSET函数动态选区生成动态图表

OFFSET函数如果配合“名称”应用，还能做出非常高大上的动态图表。所谓“动态图表”，就是在数据量较大的表中，根据自己的查看需求，让一部分数据自动生成图表。

用OFFSET函数配合“名称”生成图表，可以更加精准地分析和查看数据，特别适合数据量较大的多字段表，如图10-52所示。

	A	B	C	D	E
1	姓名	产品1	产品2	产品3	产品4
2	林义辉	694	300	654	365
3	潘千慧	128	845	336	220
4	张琪琪	367	366	128	70
5	王静浩	183	463	410	90
6	许惠美	633	684	451	128
7	李清玲	745	335	336	85
8	王惠武	633	80	210	360
9	陈昭华	188	120	180	188
10	沈宇惠	455	182	320	128
11	谢辉明	80	410	433	200

图10-52

如果要分析每个人不同产品的销售情况，可利用OFFSET函数配合“名称”再生成动态图表。

操作如下：

❶ 利用“数据验证”对话框的“序列”条件制作出可以选择“1”、“2”、“3”或“4”的下拉列表的效果，如图10-53所示。

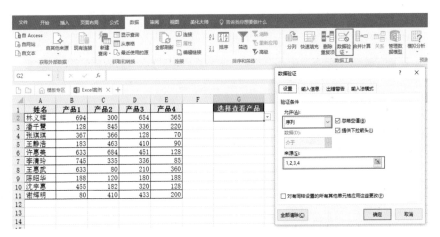

图10-53

❷ 选择“数据”工具栏中的“定义名称”命令，打开“新建名称”对话框，在“名称栏”中输入“data”，在下面“引用位置”框中输入公式“=OFFSET(OFFSET图表!$A$2,0, $G$2,10,1)”，如图10-54所示。

图10-54

 函数说明

"=OFFSET(OFFSET 图表 !\$A\$2,0, \$G\$2,10,1)" 就是根据数据验证 "序列" 的 "数值" 进行动态选区。以 A2 单元格（第 1 个人名）当作基准单元格，不偏移行，偏移的列选择设置 "序列" 的单元格（这样后面选择了几，就偏移几列），一共 10 个数，所以选择 10 行，选择 1 列。

❸ 名称做好后，就该生成图表了。用鼠标光标随意选择一个空单元格，然后单击 "插入" 工具栏中的 "柱形图" 按钮 ，在 "插入图表" 对话框中选择 "簇状柱形图"，如图10-55所示。

图10-55

❹ 确定后返回表，由于还没有选择数据，所以会生成一个空图表。选择 "图表工具" 中 "设计" 工具栏的 "选择数据" 命令，打开 "选择数据源" 对话框，单击 "图例项系列" 的 "添加" 按钮，如图10-56所示。

图10-56

❺ 在"编辑数据系列"对话框的"系列名称"栏中输入"销售额"，在下方"系列值"栏中先输入当前工作表的名字（也可以输入完"等号"后，用鼠标单击一下当前工作表），然后按键盘上的F3键调出"粘贴名称"对话框，选择刚才做好的"data"名称，如图10-57所示。

图10-57

❻ 确定后返回对话框，在系列中出现了"销售额"的信息，然后单击右侧"水平（分类）轴标签"下的"编辑"按钮，如图10-58所示。

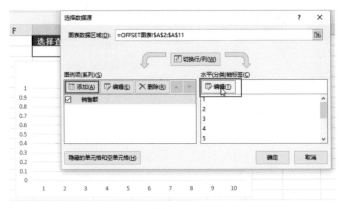

图10-58

❼ 打开"轴标签"对话框，在"轴标签区域"框中选择数据表内所有员工的"姓名"，如图10-59所示。

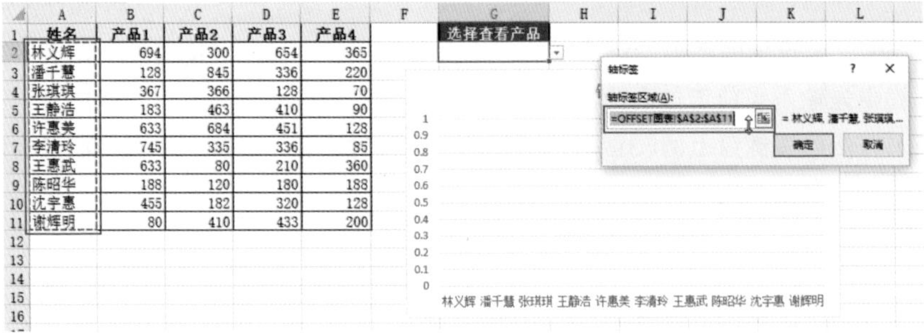

图10-59

❽ 确定后返回对话框，可以看到左侧"系列"中是用名称做的"销售额"，右侧"水平（分类）轴标签"中是固定的人员姓名，同时在图表下方也会看到X轴上出现了名单，如图10-60所示。

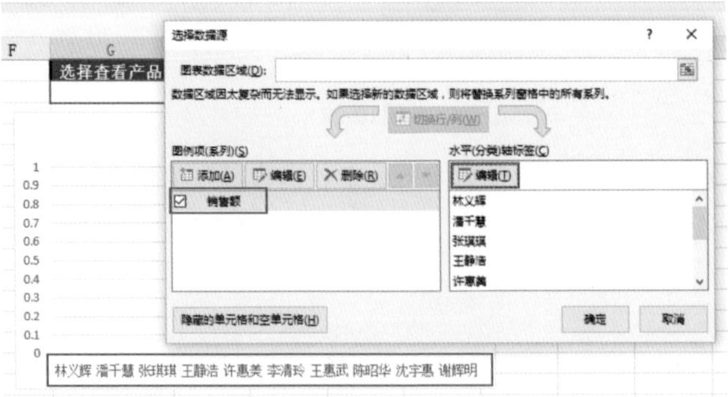

图10-60

❾ 单击"确定"按钮后便大功告成。下面要做的就是在"数据验证"单元格中输入要查看的产品编号。如果选择"1"，便可看到图表会自动显示"产品1"的数据，如图10-61所示。

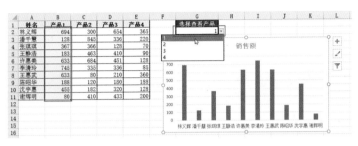

图10-61

❿ 如果选择"3"，则可看到图表会自动显示"产品3"的数据，轻松实现动态生成图表，如图10-62所示。

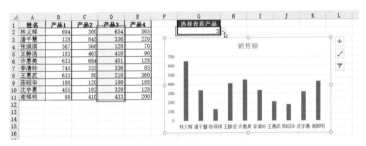

图10-62

这是一个综合的大案例，把"数据验证"、"公式名称"和"图表"的应用进行了结合。从这个例子可以看到，地址引用本身就是指定一个区域，但是一旦地址和函数结合，再把地址做成动态的区域，就会使函数变得"如虎添翼"。若再把函数和图表、数据验证等功能结合在一起，那就能"玩出花儿了"。有关OFFSET函数和图表结合的更多应用，请参看本书第15章的内容。

第11章
数据匹配查询

笔者做过一个统计，学员在培训时提的各种问题中，有38%的问题都与数据匹配查询相关。数据匹配查询是Excel中的一个大专题，包括多表间数据匹配、查询和提取等一系列内容，匹配还包括单条件匹配、多条件匹配和模糊区间匹配等。在进行Excel数据匹配查询时，虽然涉及的函数并不多，但是由于情况复杂，条件的多样性，套路极深。因此，需要"老司机"在这里带带路。

11.1 VLOOKUP按列匹配提取信息

在Excel中，VLOOKUP函数时最常被用到的匹配查询函数，V是英文Vertical，翻译成中文是"垂直"，LOOKUP翻译成中文是"查找"，所以加在一起就是函数的功能：垂直查找（按列查找或上下匹配）。

 VLOOKUP 函数的作用是用一个查找数值在"基础数据表"的第 1 列中做上下匹配查找，当查找到匹配信息后，将"基础信息表"指定的另一列信息提取出来。所以利用函数的提取信息特点，只要把"基础信息表"准备好，数据匹配后便可调取其中的任何内容。

VLOOKUP函数由4个参数组成，应用规则是：

=VLOOKUP(查找值 , 对照表 , 提取第几列 , 匹配方式)

▶ 查找值：查找的内容，可以是数值，也可以是文本，如：编号、人名、产品、代码等；

▶ 对照表：查找的数据表，待查找的信息在表的第1列，同时要唯一；

▶ 提取第几列：当数据查找到匹配后，提取表的某一列，要写出第几列的数字；

▶ 匹配方式：有两种匹配方式，一种是找“文本”信息时唯一能用的“精确匹配”，另一种是查找“数值”时可以采用的“大致匹配”。

来看一个案例，将“员工信息统计表”中的人员信息和“员工基本信息表”进行匹配查询，当找到一致人员后，提取身份证号码到“员工信息统计表”，如图11-1所示。

员工基本信息表

No.	姓名	性别	民族	部门	身份证号码	出生 年月	年龄	文化程度	现级别
1	林海	女	汉	开发部	110106198401185428	1984-1-18	33	中专	职员
2	陈鹏	男	回	技术部	21024119830118563X	1983-1-18	34	研究生	副编审
3	刘学燕	女	汉	技术部	320631196506189648	1965-6-18	52	大学本科	副编审
4	黄璐京	女	汉	市场部	110108198903208629	1989-3-20	28	大学本科	编审
5	王卫平	男	回	开发部	450663196005237859	1960-5-23	57	大学本科	副馆员
6	任水滨	女	汉	测试部	131005197901185457	1979-1-18	38	大学本科	职员
7	张晓寰	男	藏	开发部	513051198902178991	1989-2-17	28	大专	职员
8	杨宝春	男	汉	市场部	210258198307185574	1983-7-18	34	研究生	副编审
9	许东东	男	汉	市场部	513104198409177582	1984-9-17	32	研究生	编审
10	王川	男	汉	开发部	330110199501184633	1995-1-18	22	大学肄业	职员
11	连威	男	汉	测试部	510130197907188941	1979-7-18	38	大学本科	编审
12	高琳	女	汉	开发部	11010419741218647X	1974-12-18	42	研究生	编辑
13	沈克	女	满	市场部	210102198506184518	1985-6-18	32	大学本科	馆员
14	艾芳	男	汉	市场部	310105198202175658	1982-2-17	35	研究生	编审
15	王小明	男	汉	开发部	310261199112207856	1991-12-20	25	大学本科	职员

员工信息统计表

姓名	身份证号码
刘学燕	
岳晋生	
高琳	
杨宝春	
张晓寰	
王川	
黄璐京	
陈鹏	
任水滨	
艾芳	
庄凤仪	
胡海涛	
沈克	

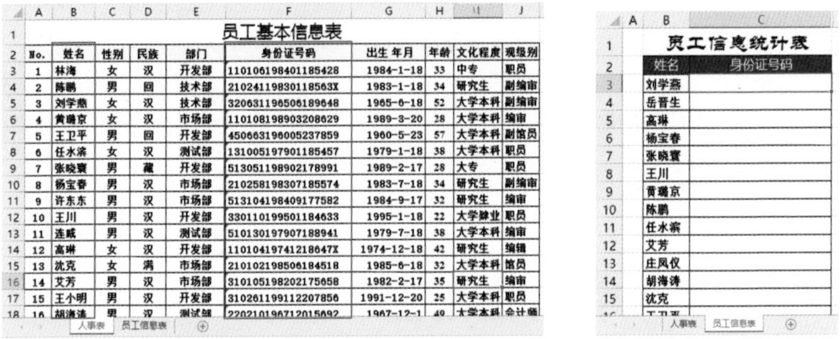

图11-1

这是一个典型的VLOOKUP函数应用，操作非常简单，只需选择结果单元格，输入公式“=VLOOKUP(B3,人事表!B:F,5,FALSE)”，确定后将结果向下复制填充，如图11-2所示。

员工信息统计表

姓名	身份证号码
刘学燕	320631196506189648
岳晋生	450201196110288630
高琳	11010419741218647X
杨宝春	210258198307185574
张晓寰	513051198902178991
王川	330110199501184633
黄璐京	110108198903208629

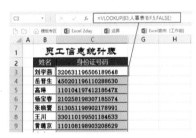

图11-2

函数说明

“=VLOOKUP(B3,人事表!B:F,5,FALSE)”中第1个参数是查找值，本例就是第一个人员的“姓名”；第2个参数是查询表，本例是“人事表”的B:F列（因为查找的是人员姓名，所以必须让人事表的“姓名”字段成为查询表的第1列，因此，从第B列开始向后选择）；第3个参数是指定提取第几列，本例要提取的身份证号码在第5列，所以写“5”；第4个参数是匹配方式，本例查找的是“姓名”文本信息。因此，只能用“精确匹配”方式，写“FALSE”（或者写“0”）。

用一个公式即可将姓名一致的表中的任何信息提取到其他表单，提取第几列完全靠第3个参数来指定。

如果表中的信息不完全一致，哪怕是姓名中间多了一个空格，也会立刻显示“#N/A”提示，

员工信息统计表

姓名	身份证号码
刘学燕	320631196506189648
岳晋生	450201196110288630
高 琳	#N/A
杨宝春	210258198307185574
张晓寰	513051198902178991

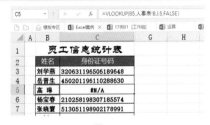

图11-3

如图11-3所示。

假如找不到匹配内容，不希望出现"#N/A"提示，而显示成空白，则应输入公式"=IF(ISERROR(VLOOKUP(H5,B:C,2,FALSE)),"",VLOOKUP(H5,B:C,2,FALSE))"。

有关这个函数的用法，可以参看8.3节的内容。

 要想用VLOOKUP函数完成这个例子，有两个应用前提。第一，基础表中的人员"姓名"要唯一，如果出现重名，只能提取第1个人的信息；第二，"姓名"字段要在"身份证号码"字段的左侧，因为要从左向右提取指定的第几列（特殊情况下，即提取的数据在查找数据左侧，就只能用二维数组配合函数解决，这样就使问题复杂很多）。

11.2 HLOOKUP按行匹配提取信息

VLOOKUP函数是按列查找，把匹配后的另一列信息提取出来，而HLOOKUP函数则是按行查找（HLOOKUP函数中的H是英文Horizontal水平的意思），把匹配后的另一行信息提取出来，完全是VLOOKUP函数的转置应用。

下面来看一个例子，了解HLOOKUP函数的同时再拓展一下解决问题的思路。

在图11-4所示的表中是一个产品销售信息表，上方的列标题是"产品型号"，左侧的行标题是"销售日期"。现在要根据指定的型号和日期自动返回对应的"销售价格"。

图11-4

解决问题的思路是：先利用"数据验证"下的"序列"功能制作下拉列表选项，然后用函数提取出对应的信息。

❶ 选中"型号"单元格，打开"数据验证"对话框，在"序列"条件中选择基础数据表上方的列标题（产品型号）作为数据来源，如图11-5所示。

图11-5

❷ 再选择"查询日期"单元格，同样在"数据验证"中设置"序列"条件，然后选择基础数据表左侧的"销售日期"作为数据来源，如图11-6所示。

图11-6

❸ 为了能够对"数据行"进行定位，要在表的最后一列添加一个辅助列编号，编号要从"2"起始，这样每一行的销售数据就有了对应的行号。

❹ 最后就可选中结果单元格，输入公式"=HLOOKUP(J5,B2:H7,VLOOKUP(K5,A3:I7,9,0),0)"，如图11-7所示。

图11-7

 函数说明

"=HLOOKUP(J5,B2:H7,VLOOKUP(K5,A3:I7,9,0),0)"是在HLOOKUP中嵌套了VLOOKUP函数。HLOOKUP是查询J5单元格中的"型号"，然后和型号下面的销售表做匹配查询，当找到对应的型号后，提取哪一行，用VLOOKUP(K5,A3:I7,9,0)嵌套计算。VLOOKUP函数用"查询日期"K5单元格当作查找值，和日期及后面的销售额表做匹配查询，当找到对应的日期后，提取出最后面的辅助编号，这个编号正好就是HLOOKUP函数的第3个参数要提取的"第几行"，这样型号对应的日期销售额就被提取计算出来了。

❺ 结果出来后，只要选择查询型号和查询日期，在基础表中对应的销售额就会自动提取出来，如图11-8所示。

		产品销售信息表							型号	查询日期	销售额
	Y-01	Y-02	Y-03	Y-04	Y-05	Y-06	Y-07				
2017-6-1	733	876	686	681	298	46	153	2	Y-03	2017-6-3	646
2017-6-2	260	235	537	372	464	416	203	3			
2017-6-3	374	911	646	907	714	69	976	4			
2017-6-4	792	588	346	823	462	307	250	5			
2017-6-5	260	89	263	975	848	792	21	6			

图11-8

操作提示

在实际工作中，解决上面案例的问题时，从一个二维表中提取对应的信息有多种方法。

拓展方法1：如果用 MATCH 函数和 HLOOKUP 函数配合，就可以不使用最后的辅助编号。直接借助 MATCH 函数能自动匹配第几个的功能，计算出提取哪一行的信息，公式为 "=HLOOKUP(J5,B2:H7,MATCH(K5,A3:A7,0)+1,0)"。

拓展方法2：如果使用 INDEX 函数和 MATCH 函数结合，就可以直接从这种二维表中进行信息检索，并提取数据。公式为 "=INDEX(B3:H7,MATCH(K5,A3:A7,0),MATCH(J5,B2:H2,0))"。

有关 INDEX 函数和 MATCH 函数的操作介绍，可以参看 11.7 节和 11.8 节的内容。

11.3 VLOOKUP批量匹配提取信息

在实际工作中，有时需要用VLOOKUP函数从基础信息表中连续提取多列信息，要是逐个复制函数，再修改其中的参数，就会非常烦琐。这里看看如何用高效的方法提取基础表中的多列信息内容。

VLOOKUP 函数的第3个参数是指定提取第几列。如果这个参数不用一个固定的值，而是使用可以随着变化的数据，就可以实现自动提取基础表中的多列信息内容。

在Excel中，用COLUMN函数可以自动得到单元格所在的列号（参看10.2节），如果把这个函数嵌套在VLOOKUP中当作第3个参数，指定提取哪一列的信息就可以实现自动变化。

下面看个例子，左边的Sheet是基础信息"员工基本信息表"，右边的表是要对应填写的"员工信息统计表"，在"员工信息统计表"中要连续添加"员工基本信息表"的内容，如图11-9所示。

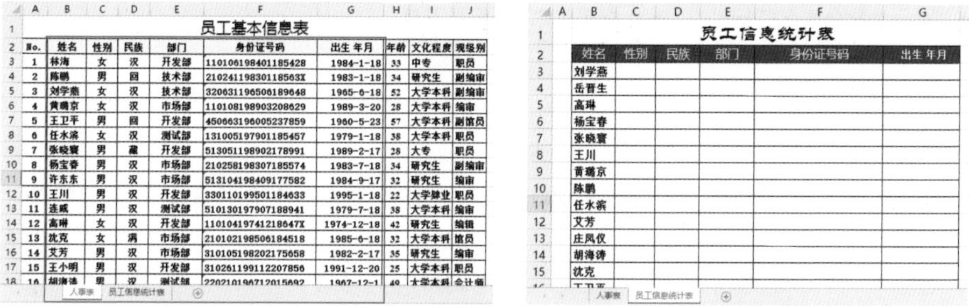

员工基本信息表

No.	姓名	性别	民族	部门	身份证号码	出生 年月	年龄	文化程度	现级别
1	林海	女	汉	开发部	110106198401185428	1984-1-18	33	中专	职员
2	陈鹏	男	回	技术部	21024119830118563X	1983-1-18	34	研究生	副编审
3	刘学燕	女	汉	技术部	320631196506189648	1965-6-18	52	大学本科	副编审
4	黄璐京	女	汉	市场部	110108198903208629	1989-3-20	28	大学本科	编审
5	王卫平	男	回	开发部	450663196005237859	1960-5-23	57	大学本科	副馆员
6	任水滨	女	汉	测试部	131005197901185457	1979-1-18	38	大学本科	职员
7	张晓寰	男	藏	开发部	513051198902178991	1989-2-17	28	大专	职员
8	杨宝春	男	汉	市场部	210258198307185574	1983-7-18	34	研究生	副编审
9	许东东	男	汉	市场部	513104198409177582	1984-9-17	32	研究生	编审
10	王川	男	汉	开发部	330110199501184633	1995-1-18	22	大学肄业	职员
11	连威	男	汉	测试部	510130197907188941	1979-7-18	38	大学本科	编审
12	高琳	女	汉	开发部	11010419741218647X	1974-12-18	42	研究生	编辑
13	沈克	女	满	市场部	210102198506184518	1985-6-18	32	大学本科	馆员
14	艾芳	男	汉	市场部	310105198202175658	1982-2-17	35	研究生	编审
15	王小明	男	汉	开发部	310261199112207856	1991-12-20	25	大学本科	职员

员工信息统计表

姓名	性别	民族	部门	身份证号码	出生年月
刘学燕					
岳晋生					
高琳					
杨宝春					
张晓寰					
王川					
黄璐京					
陈鹏					
任水滨					
艾芳					
庄凤仪					
胡海涛					
沈克					

图11-9

在操作时，只需选中第1个人员的“性别”单元格，然后输入公式“=VLOOKUP ($B3,人事表!$B:$G, COLUMN(B1),FALSE)”，确定后得到结果，如图11–10所示。

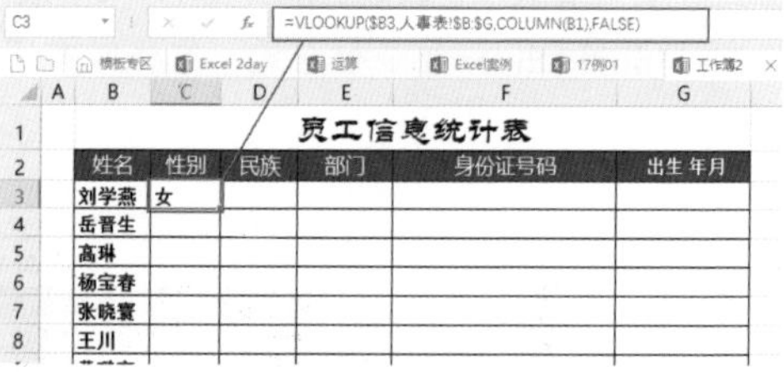

员工信息统计表

姓名	性别	民族	部门	身份证号码	出生年月
刘学燕	女				
岳晋生					
高琳					
杨宝春					
张晓寰					
王川					

图11-10

函数说明

“=VLOOKUP($B3, 人事表 !$B:$G,COLUMN(B1),FALSE)”中第 3 个参数是提取第几列，这里嵌套了 COLUMN(B1) 函数，COLUMN(B1) 是提取第 B 列的列号，结果是“2”，所以 VLOOKUP 结果就是提取第 2 列“性别”的内容。由于采用相对地址，所以当公式向后面填充复制时，COLUMN 中的参数会自动变成“C1”、“D1”、…，这样就把第 3 列、4 列等后面的信息自动提取出来了。

把第1个结果计算完成后，直接把结果向后填充复制，再向下填充复制，可快速得到所有的结果，如图11–11所示。

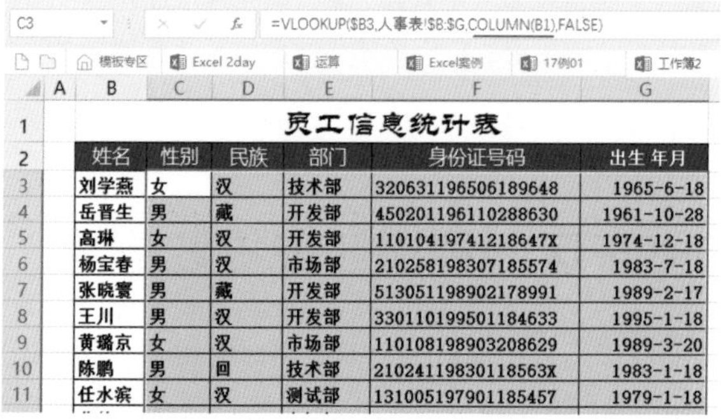

员工信息统计表

姓名	性别	民族	部门	身份证号码	出生年月
刘学燕	女	汉	技术部	320631196506189648	1965-6-18
岳晋生	男	藏	开发部	450201196110288630	1961-10-28
高琳	女	汉	开发部	11010419741218647X	1974-12-18
杨宝春	男	汉	市场部	210258198307185574	1983-7-18
张晓寰	男	藏	开发部	513051198902178991	1989-2-17
王川	男	汉	开发部	330110199501184633	1995-1-18
黄璐京	女	汉	市场部	110108198903208629	1989-3-20
陈鹏	男	回	技术部	21024119830118563X	1983-1-18
任水滨	女	汉	测试部	131005197901185457	1979-1-18

图11-11

11.4 功能拓展：数组匹配提取

若要解决从基础信息表中连续提取多列信息的问题，除了前面讲的配合 COLUMN 函数外，还可以利用数组公式来直接解决。

用数组公式得到结果和用 VLOOKUP 函数直接计算有一个大的区别，就是要在计算之初就把所有的结果单元格选中，最后直接用数组公式确定，一次性得到所有的结果。而不是先算一个单元格结果，再横拖竖曳地得到所有的结果。

操作如下：选中"员工信息统计表"中所有要填写信息的单元格，然后在活动单元格输入数组公式"=VLOOKUP($B3, 人事表 !B3:H22,{2,3,4,5,6},FALSE)"。输入完成后，用 Ctrl+Shift+Enter 组合键确定，可将所有的信息一次性全部计算得出，如图 11-12 所示。

图11-12

⬗ **函数说明**

数组公式"{=VLOOKUP($B3, 人事表 !B3:H22,{2,3,4,5,6},FALSE)}"中使用了 VLOOKUP($B3, 人事表 !B3:H22,{2,3,4,5,6},FALSE) 函数，其中第 3 个参数也用了数组 {2,3,4,5,6}，表示提取的信息是第 2 列至第 6 列。最后确认时用 Ctrl+Shift+Enter 组合键确定，这样结果也是数组，结果中的每个单元格就会自动找到对应的数据列进行提取，得到结果。

11.5 VLOOKUP区间模糊匹配提取信息

前面介绍的VLOOKUP函数在最后一个参数中都使用了"FALSE"，那是因为文本信息的匹配查找只有"FALSE"精确匹配一种可能。只有当进行数值查找时才能应用"TRUE"近似匹配，而近似匹配时还有一个很重要的应用前提，即在应用前，需将对照表的第1列对比数据进行升序排序。

先来看看应用规则，在图11-13所示的表中，要在列表中查找数值"3"，分别用"FALSE"和"TRUE"当作最后一个参数，看看结果的区别。

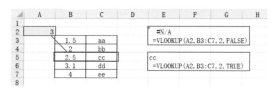

图11-13

 函数说明

第1个函数公式用"FALSE"当作最后一个参数，表明要进行"精确匹配"，所以当对照表中没有"3"时，就显示"#N/A"报错。而第2个函数公式用了"TRUE"当作最后一个参数，表示要进行"近似匹配"。注意，这里的"近似匹配"不等于最接近的匹配，而是要找比查询值小的最接近的数，所以本例查询"3"，会在对照表中找到比"3"小的最接近的"2.5"进行匹配，把应用的"CC"进行提取。

了解了规则后，看看"近似匹配"能解决什么样的实际问题。

利用"近似匹配"能匹配比查询值小的最接近数的特点，可以轻松实现数值区间匹配。来看一个实际工作中的例子。

图11-14展示了一个"绩效考核统计信息表"，考核总分已经计算完成，如何利用右侧"成绩等级标准"表中的等级划分，把每个考核总分的"成绩等级"填写出来。

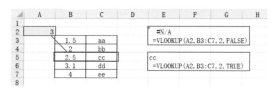

图11-14

乍一看，很多人首先想到的是IF函数的嵌套或者应用IFS函数。没错，用IF或IFS函数是可以解决这个问题的。但若等级标准多或者条件复杂，无论是IF函数的嵌套或者是IFS函数应用都是较为烦琐的。

借助VLOOKUP函数的"近似匹配"功能，把考核总分的成绩和等级划分的节点进行近似匹配，就可快速得到等级标准的结果。

❶ 在空白处制作能让Excel进行匹配的对照表。在制作对照表时，有一个非常重要的规律，就是把每个区间的最小值拿出来做成1列，然后把对应标准写在后面，如图11-15所示。

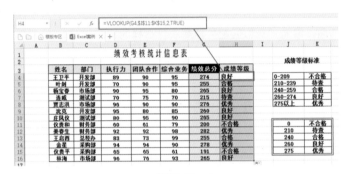

图11-15

❷ 选择第1个成绩等级单元格，输入公式"=VLOOKUP(G4,$J$11:$K$15,2,TRUE)"，确定后向下复制填充公式，如图11-16所示。

图11-16

函数说明

"=VLOOKUP(G4,$J$11:$K$15,2,TRUE)"的最后一个参数使用了"TRUE"，说明要进行近似匹配。注意：在自己制作的对照表中的数据从小到大按升序排列，这样"绩效总分"中的数值在对照表中第1列进行查找匹配，当没有找到完全相同的数值时，便会将比总分小的最接近的数据当作匹配值，把后面对应的标准提取出来。

如果不想提前做出对照表，也可以利用数组参数，在函数中直接书写对比值并提取信息，如图11-17所示。

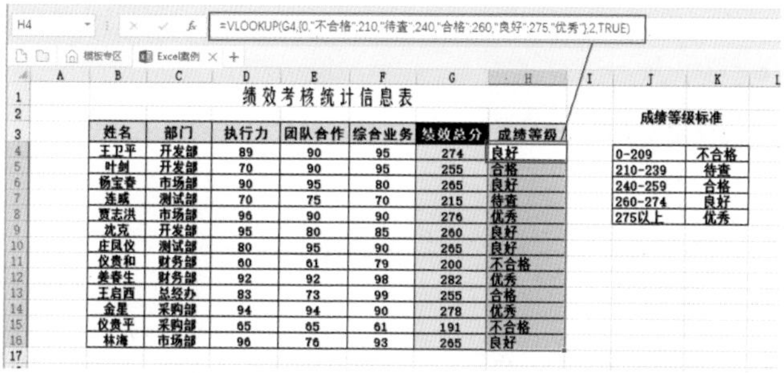

图11-17

函数说明

"=VLOOKUP(G4,{0,"不合格";210,"待查";240,"合格";260,"良好";275,"优秀"},2,TRUE)"中，第2个参数是对比表，应用了一个数组表达: {0,"不合格";210,"待查";240,"合格";260,"良好";275,"优秀"}，这种应用适合等级不多的条件，由于不用单独制作出对比表单，直接在函数中应用，所以在使用时也有很强的实用性。

11.6 VLOOKUP两条件匹配提取信息

VLOOKUP函数在查找匹配信息时，只能把对照表第1个满足条件的信息当作匹配内容。如: 查找人员姓名时，如果对照表中有重名的情况，只能把第1个相同名字的人员当作匹配值，提取第1个相同名字人员后面的内容。

一旦需要两个条件进行匹配时，可以借助 "&" 将条件合并在一起，配合查找匹配。看个例子。

图11-18所示的表左边是 "产品"、"型号" 以及对应的产品 "价格"，在表右侧区域，要做出一个查询效果，只要输入 "查询产品" 和 "查询型号"，就可以将 "价格" 匹配提取出来。

❶ 查询条件是两个，故在用函数查询匹配前要增加一个辅助列，用 "&" 先将 "产品" 和 "型号" 合并在一起，如图11-19所示。

❷ 选择右侧 "查询产品" 的单元格，然后选择 "数据验证" 下的 "序列" 条件，在来源框中输入产品名，中间用英文逗号分隔；再选择右侧 "查询型号" 的单元格，选择 "数据验证" 下的 "序列" 条件，在来源框中输入型号信息，中间用英文逗号分隔，如图11-20所示。

图11-18

图11-19

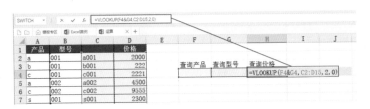

图11-20

❸ 设置"数据验证"后，这两个单元格就可以通过下拉列表来选择信息了。然后选择"查询价格"单元格，输入公式"=VLOOKUP(F4&G4,C2:D15,2,0)，如图11-21所示。

图11-21

 函数说明

"=VLOOKUP(F4&G4,C2:D15,2,0)"中第1个参数也使用了"&"符号，将F4和G4单元格内容进行了合并，用合并后的信息与左侧表中同样合并后第C列做匹配（合并后的信息就确保了信息的唯一性），匹配后将第D列的价格提取出来。

❹ 虽然是两个条件，但是由于把两个条件的内容进行了合并，实现了合并后的内容是唯一信息。因此，在右侧查询中选择"查询产品"和"查询型号"后，"查看价格"单元格便自动在基础表中提取出对应的内容，如图11-22所示。

图11-22

11.7 MATCH匹配

MATCH函数从名字上就可以看出来是匹配函数，它的作用是返回查询信息在对比行或列中的位置。所谓位置，就是排列在第几个序号，而不是像VLOOKUP函数那样匹配后提取其他信息。它的应用规则是：

=MATCH(查找值，对照区域, 对比方式)

▶ 查找值：查找的内容，可以是数值，也可以是文本，如：编号、人名、产品、代码等；

▶ 对照区域：查找的数据行或者数据列，要连续的一行或一列信息。

▶ 对比方式：有3种，文本匹配时，只能用"0"，表明是精确匹配，也就是必须完全一致时才匹配；数值匹配时，除"0"外，还可以用"1"或"-1"作为匹配方式，"1"是用小于查找值最接近的数匹配，而"-1"则是用大于查找值最接近的数匹配。

图11-23

道理搞清楚后，先回顾一下上一个例子，看看都会了没有。

在如图11-23所示的例子中，要在左边一列信息中查找右侧的"ee"，看看"ee"在左侧的这组信息中排列第几位，只需在单元格中输入公式：=MATCH（C3,A1:A8,0）。

 函数说明

"=MATCH(C3,A2:A8,0)"说明用C3单元格中的"ee"当作查找值,用A2:A8当作查找区域,"0"作为最后一个参数,说明是精品匹配。

图11-24

确认后，结果得到"5"，则说明"ee"在左侧一列中是第5个信息，如图11-24所示。

MATCH函数只是得到一个数值的匹配位置，通常意义不大，但是一旦将MATCH的结果当作其他函数的参数，也就是说，用其他函数和MATCH函数进行嵌套，便可以完成复杂表单信息的匹配。

下面来看看用MATCH函数和HLOOKUP函数配合怎么查询二维表信息，如图11-25所示。

图11-25

在这个例子中，左侧是一个二维表，行标题是产品"型号"，列标题是"日期"，中间数据是对应的"销售额"，现在要在右侧的查询表中根据不同"型号"和"日期"将"销售额"提取查询出来。

首先可以将查询的"型号"和"日期"信息都利用"数据验证"的"序列"条件做成可以灵活选择的效果。然后选中"销售额"的结果单元格，输入公式"=HLOOKUP(J5, B2:H7,MATCH(K5,A3:A7)+1,TRUE)"，确认后得到结果，如图11-26所示。

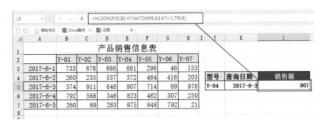

图11-26

✓ **函数说明**

"=HLOOKUP(J5,B2:H7,MATCH(K5,A3:A7)+1,TRUE)"中，用HLOOKUP函数和MATCH函数嵌套来完成信息的匹配。其中HLOOKUP函数用"型号"来匹配表单的行标题内容，提取哪一行信息则嵌套MATCH函数来匹配，匹配到所在位置后"+1"，则用来配合HLOOKUP函数确定提取第几行。

11.8 INDEX索引匹配提取数据

INDEX函数被称为“索引”函数，那是通过英文的单词直译过来的。简单地说，就是在一个区域内将指定行列数的对应信息提取出来。

INDEX函数可以从一个二维表中直接通过指定提取第几行和第几列的方式把信息提取出来。操作方法也很简单，先看看应用规则。

第1种，如果信息是连续的一个区域，则有

=INDEX(查找区域,查找提取第几行,查找提取第几列)

第2种，如果信息是多个区域，则有

=INDEX(多个查找区域,查找提取第几行,查找提取第几列,提取第几个区域的内容)

INDEX函数的作用就是在一个区域中提取信息，这一点和VLOOKUP或HLOOKUP函数很像，但是不同之处在于VLOOKUP或HLOOKUP函数需要用一个查找值和一个表的第1列或者第1行匹配，匹配后将表中的其他信息提取出来；而INDEX函数只需直接提供提取的行列数，就可以从表中将信息提取出来，所以被称为“索引匹配提取”函数。

看个例子，左侧是一个二维表，现在要把“销售额”数据填写在右侧的“字段表”中，如图11-27所示。

	纯牛奶	乳酸饮料	酸牛奶	奶茶	奶片
大林店	93	165	78	48	37
金井店	129	252	249	35	179
和平路店	5	167	382	114	258
新阳路店	260	73	82	205	54
解放路店	73	358	390	113	285
延安路店	392	57	248	330	186
四桥店	360	19	95	230	139
古尖店	48	142	165	136	105
东单店	53	20	233	246	66

二维表

字段表

店面	产品	销售额
大林店	纯牛奶	
金井店	纯牛奶	
和平路店	纯牛奶	
新阳路店	纯牛奶	
解放路店	纯牛奶	
延安路店	纯牛奶	
四桥店	纯牛奶	
古尖店	纯牛奶	
东单店	纯牛奶	
大林店	乳酸饮料	
金井店	乳酸饮料	
和平路店	乳酸饮料	
新阳路店	乳酸饮料	
解放路店	乳酸饮料	
延安路店	乳酸饮料	
四桥店	乳酸饮料	
古尖店	乳酸饮料	
东单店	乳酸饮料	

图11-27

选中右侧表单中“销售额”结果单元格，然后输入公式“=INDEX(B$2:F$10,MATCH(H3,$A$2:$A$10,0),MATCH(I3,$B$1:$F$1,0))”，确定后将结果向下复制填充，便可计算完成，如图11-28所示。

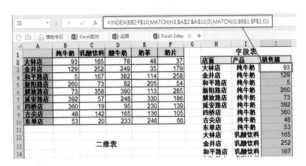

图11-28

"=INDEX(B$2:F$10,MATCH(H3,$A$2:$A$10,0),MATCH(I3,$B$1:$F$1,0))"中，第1个参数是查询区域"B$2:F$10"，是左侧的所有销售额数据；第2个参数是提取第几行，本例应用了MATCH(H3,$A$2:$A$10,0)函数嵌套，说明用店面与第1列店面标题匹配，店面在哪一行，就提取第几行；第3个参数是提取第几列，本例应用了MATCH(I3,$B$1:$F$1,0)函数嵌套，说明用产品和第1行产品标题匹配，产品在哪一列，就提取第几行。

在Excel中，有很多类似的问题都可以用这样的方法来解决。可以说MATCH函数和INDEX函数就是一组最佳拍档，先借助MATCH函数得到匹配的位置，再用INDEX函数进行提取。

11.9 LOOKUP数组条件匹配

LOOKUP函数的作用和VLOOKUP、HLOOKUP函数的作用差不多，都是匹配信息后提取表单中的其他内容。但和它们的不同之处在于，LOOKUP函数是用一个值匹配表中的一行或一列内容，把匹配后另一行或另一列对应的信息提取出来。所以它几乎可以完成VLOOKUP和HLOOKUP函数完成的所有事。除此之外，LOOKUP函数还可以和数组结合，进行数组匹配，这是Excel高手经常使用的方法。

先说说该函数的两种使用规则。

第1种：=LOOKUP(查找值，对比一组数，提取的数据)

这是常规应用，和VLOOKUP或HLOOKUP函数的作用相同，在应用时甚至可以互换。第2个参数"对比一组数"既可以是一列一行数据，也可以是一个数组，一旦是数组应用，就可以让LOOKUP的功能进一步拓展。

第2种：=LOOKUP(查找值，对比数组)

这种应用只有两个参数，用一个查找值和一个数组进行对比，若匹配，则把对应数组中的信息提取出来。

LOOKUP函数的基本应用不在这里举例说明了，大家可以查看前面章节的内容。这里只介绍它的高级用法，举两个例子，来看看将其第2个参数更改成数组功能后是如何充当条件做判断的。

案例1：判断在一组产品编号中是否包含指定的文本内容，如图11-29所示。

这个案例的要求是：左侧是一组完整的产品编号，右侧"查找文本内容"表中是需要查找的文本内容，如果在左侧编号中包含右侧文本，就显示"查找文本内容"信息；如果左侧编号中没有查找到右侧的文本内容，就显示出"不包含"文字。

▲	A	B	C	D	E
1	包含查询：			在A列中查询是否包含D列中的内容	
2				如果包含就返回D列对应包含的内容	
3				如果不包含，就显示不包含	
4	产品型号				
5	BZP4098567890098			查找文本内容	
6	DMP121750A0000022			W183201B000	
7	DMP181207A0000926			YA003C949	
8	DMP181207A0000932			P103742A00	
9	DMP181207A0000933			P181207A000	
10	G181008B100P650001				
11	P103742A000G010005				
12	P103642A000G010012				
13	P103742A000G010015				
14	YA003C949052				
15	P121757A000G020011				
16	P121757A000G020019				
17	P121757A000G020023				
18	P121757A000G020024				
19	W183201B000G01				

图11-29

完成这个案例的操作之前，先介绍一下LOOKUP的一个"神技能"，利用这个技能可完成条件判断。先来看LOOKUP函数的一种写法：

=LOOKUP（1，0/条件，显示结果）

把这个写法套在下面的函数规则里看。

=LOOKUP(查找值，对比一组数，提取的数据)

第1个参数"1"是查找值，第2参数"0/条件"是对比一组数，这里相当于是一个数组，第3个参数"显示结果"也就是提取的信息。

大家注意啦！这里面的学问就在第2个参数上，有"0/条件"中，条件说得比较笼统，一般这里的条件都会得到"0"、"1"这样的结果。大家想想，这样的结果用0去除，会得到什么？0除以0肯定是"#DIV/0!"报错，0除以非零，都会得到0，所以"0/条件"的结果通常都是由"#DIV/0!"和"0"组成的一个数组。这样把"1"作为查找值，和这样一个数组进行对比，报"#DIV/0!"错误的不会匹配，只有得到"0"的会和"1"匹配，匹配后，便可把第3个参数中对应的信息提取出来。

把光标放在结果单元格中，然后输入公式"=IFERROR(LOOKUP(1,0/COUNTIF(A5,"*"&$D$6:$D$9&"*"),$D$6:$D$9),"不包含")"。确定后，向下复制填充，如图11-30所示。

图11-30

 函数说明

　　"=IFERROR(LOOKUP(1,0/COUNTIF(A5,"*"&$D$6:$D$9&"*"),$D$6:$D$9),"不包含")"中，"1"当作查找值，用0/COUNTIF(A5,"*"&$D$6:$D$9&"*")当作对比数组，也就是条件，其中的COUNTIF(A5,"*"&$D$6:$D$9&"*")可以计算出"产品型号"表的信息在"查找文本内容"中是否存在，若存在，则得到"1"，没有就是"0"。用"0"除便会得到一个由"#DIV/0!"和"0"组成的数组。这样查找值"1"就会自动匹配得到"0"的数据，从而把LOOKUP的第3个参数$D$6:$D$9对应的信息提取出来。若条件都不满足，对比数组中全是"#DIV/0!"，这样就没有匹配信息，报"#N/A"错误。

　　最外面是IFERROR函数。在最外面用了这个判断是否报错的函数，第1个参数是条件，如果条件成立，即出现报错，那么就执行第2个参数中的内容，显示"不包含"文字，如果条件不成立，即没有报错，那么就显示第1个参数本身条件的结果。所以，也就是说，当LOOKUP(1,0/COUNTIF(A5,"*"&$D$6:$D$9&"*"),$D$6:$D$9)函数匹配到信息时，就把匹配的内容当作结果显示出来，一旦没有匹配到信息（报"#N/A"错误），则会显示"不包含"文字内容。

　　除了刚才介绍的方法，还可以把公式更改成"=IFERROR(LOOKUP(1,0/(FIND($D$6:$D$9,A5)>0),$D$6:$D$9),"不包含")"。这个公式就是把条件换成0/(FIND($D$6:$D$9,A5)>0),$D$6:$D$9)，利用FIND函数查找是否存在相同的文本。

　　案例2：把客户和项目两个条件都匹配后的信息提取出来，如图11–31所示。

　　这个例子是典型的两个条件匹配后提取信息。如果用11.6节中介绍的用VLOOKUP函数加辅助列是可以解决的，但是那种方法需要添加辅助列来配合。

客户/供应商	性质（含税/未含税）	求和项 应收	求和项 收款	借方余额		客户名称	项目名称	借方余额
北京中世纪	未含税	-0.08		-0.08		北京中世纪	未含税	
北京中世纪	含税	525677.38	525677.38	0		不明款	未含税	
不明款	未含税		17237	-17237		长乐林华东	未含税	
南平蔡月明	未含税		220000	-220000		长乐马林玉	未含税	
长乐林华东	未含税	208704.44	208705	-0.56		长乐杨康	含税	
长乐马林玉	未含税	395039.35	350000	45039.35		长乐杨康	未含税	
长乐马林玉	未含税		45039	-45039		福州恒威	含税	
长乐杨康	未含税	869237.38	653226.12	216011.26		福州宏城	含税	
长乐杨康	含税	-0.39		-0.39		福州宏城	未含税	
长乐杨康			215255	-215255		福州鸿通经贸	未含税	
市场钢银陈维剑	含税	25993.69	25993	0.69		福州三钢分公司	含税	
市场钢银胡敏桂	未含税	-40000		-40000		福州严少凤	含税	
市场钢银胡敏桂	订单含税	-4559.38		-4559.38		福州严少凤	未含税	
市场钢银胡敏桂	含税	28122.06		28122.06		工地陈希品	未含税	
市场钢银胡锡盛	未含税	149963.62	149963	0.62		工地黄家财	未含税	
市场钢银胡锡盛	订单含税	16628.19		16628.19		工地黄建华	未含税	
市场钢银胡锡盛	含税	-9745.47	7016	-16761.55		工地荆润宋总	未含税	
市场钢银马汉情	含税	-159.01		-159.01		工地连江华电工程	含税	
市场钢银谢标	含税	-749.19		-749.19		工地连江华电工程	未含税	
市场钢银谢标	未含税	686		686		工地林浦一二期	未含税	
市场钢银周洁	未含税	442920.62	442924.56	-3.94		工地浦上刘再兴	未含税	

图11-31

下面来看看高手的解决方法：

选中结果单元格，然后直接输入公式"=LOOKUP(1,0/($A$2:$A$145&$B$2:$B$145=G2&H2),$E$2:$E$145)"。确定后，向下复制填充结果，如图11-32所示。

fx =LOOKUP(1,0/($A$2:$A$145&$B$2:$B$144=G2&H2),$E$2:$E$145)

| | 模板专区 | Excel案例 | 运算 | Excel 2day | 17例01 | × | + |

客户/供应商	性质（含税/未含税）	求和项 应收	求和项 收款	借方余额		客户名称	项目名称	借方余额
北京中世纪	未含税	-0.08		-0.08		北京中世纪	未含税	-0.08
北京中世纪	含税	525677.38	525677.38	0		不明款	未含税	-17237
不明款	未含税		17237	-17237		长乐林华东	未含税	-0.56
南平蔡月明	未含税		220000	-220000		长乐马林玉	未含税	-45039
长乐林华东	未含税	208704.44	208705	-0.56		长乐杨康	含税	-0.39
长乐马林玉	未含税	395039.35	350000	45039.35		长乐杨康	未含税	-215255
长乐马林玉	未含税		45039	-45039		福州恒威	含税	0.54
长乐杨康	未含税	869237.38	653226.12	216011.26		福州宏城	含税	-1095938
长乐杨康	含税	-0.39		-0.39		福州宏城	未含税	1095938.52
长乐杨康			215255	-215255		福州鸿通经贸	未含税	-2338.52
市场钢银陈维剑	含税	25993.69	25993	0.69		福州三钢分公司	含税	#N/A
市场钢银胡敏桂	未含税	-40000		-40000		福州严少凤	含税	-4890.98
市场钢银胡敏桂	订单含税	-4559.38		-4559.38		福州严少凤	未含税	9961.67
市场钢银胡敏桂	含税	28122.06		28122.06		工地陈希品	未含税	-263.95
市场钢银胡锡盛	未含税	149963.62	149963	0.62		工地黄家财	未含税	-609.59
市场钢银胡锡盛	订单含税	16628.19		16628.19		工地黄建华	未含税	#N/A
市场钢银胡锡盛	含税	-9745.47	7016	-16761.55		工地荆润宋总	未含税	-487.87
市场钢银马汉情	含税	-159.01		-159.01		工地连江华电工程	含税	202550.74
市场钢银谢标	含税	-749.19		-749.19		工地连江华电工程	未含税	-210967
市场钢银谢标	未含税	686		686		工地林浦一二期	未含税	-165.18
市场钢银周洁	未含税	442920.62	442924.56	-3.94		工地浦上刘再兴	未含税	-14211

图11-32

 函数说明

"=LOOKUP(1,0/($A$2:$A$145&$B$2:$B$145=G2&H2),$E$2:$E$145)"中直接用LOOKUP函数进行匹配并提取数据。第1个参数是查找值"1"，第2个参数是查找数据，用"0/($A$2:$A$145&$B$2:$B$145=G2&H2)"当作对比数组，条件就是两个文本合并后的内容是否相同，同样用"0"来除，找到匹配的内容。

本章就是介绍各种匹配和查询，虽然函数不多，就介绍了5个最常用的，但是这几个函数相互配合，灵活应用，就能解决工作中非常多的相关问题。希望大家在理解的前提下，多多练习。

第12章
数据统计分析

笔者写本章内容时，正巧电视中在播放NBA篮球比赛，令我感触颇深的除了精彩的比赛、现场富有激情的解说，还有那些非常细致的统计数据。如：这个三分球是库里本赛季的第多少个三分球，他的总得分是多少，是联盟在一个赛季里三分球命中率第几位的球员，甚至细到他在比赛的第3节得分超过多少分时，整个球队的得胜率是多少……这些统计数据不仅使球赛增加了很多看点，还可以帮助我们对结果进行很好的预判和决策。

这不由得让我们惊叹在大数据时代，人们要是不具备统计分析的能力，还真是不能一起好好地玩耍了。

其实，在工作中也是这样，数据统计得越细致，对结果的判断和决策就越准确。在大数据时代，企业办公中也少不了对各种数据进行统计。

 统计其实就是数数，但又不是简单的一个一个地数，往往要根据条件来计数，所以条件越复杂，统计的方法就会越复杂。统计表面上只是得到一个结果，而它真正的作用却是把结果转化为结论，实现最终的数据分析。所以完全可把统计称为"统计分析"，这是一点不为过的。

本章就来聊聊Excel中常用数据统计的方法和统计分析应用。

12.1 统计数值和文本单元格个数

在Excel中，最基本的统计就是COUNT计数函数，它几乎从最早的Excel版本中就收纳在了"自动求和" Σ自动求和 ·列表中，一直被微软标榜成Excel最常用的函数。

COUNT 函数在中文版中被称为"计数"函数。大家一定要记住，它只能对数值类型的信息进行统计和计数，对"文本"信息的统计是无能为力的。如果要统计"文本"信息，记得在后面再加一个"A"，要使用 COUNTA 函数。

来看个例子，了解一下最基本的统计函数。在如图12-1所示的案例中，是一个活动的"员工报名统计表"。

人员报名后，又出现了请假的情况，现在统计出精确的报名人数和请假人数。

这是一个典型的统计计数问题。在统计报名人数时，既可以统计员工"姓名"个数，又可以统计"员工编号"个数。直接在结果单元格中输入公式"=COUNT(A2:A31)"，确定后的结果如图12-2所示。

图12-1

图12-2

 函数说明

用"=COUNT(A2:A31)"统计的是"员工编号"个数，如果要统计员工"姓名"个数，就要用"=COUNTA(B2:B31)"。

图12-3

再来统计"请假人数"，请假人数就是统计"请假"在"是否请假"一列中出现的次数，由于"请假"信息是文本，所以在结果单元格中输入公式"=COUNTA(C3:C31)"，确定后的结果如图12-3所示。

> **函数说明**
>
> "=COUNTA(C3:C31)"的作用是统计 C3:C31 区域中非空单元格的文本个数，所以出现了多少个"请假"文本消息，便自动计算出来，而空单元格对 COUNT 或 COUNTA 这两个计数函数来说都是不参与计算的。

12.2 功能拓展：COUNTBLANK统计空白单元格的个数

在 Excel 中若需要统计一个区域内空白单元格的个数，可以借助 COUNTBLANK 函数来计算。

例如，在这个例子中，统计没有请假、参加活动人员的个数，其实就是统计"空单元格"的个数。可以在结果中直接输入公式"=COUNTBLANK(C2:C31)"，便可得到结果，如图 12-4 所示。

这里说个经验，在单元格中，有时用眼睛是看不到隐匿的字符的，判断一个单元格是否真的为空的方法有很多，其中较为简单的判断方法有两个：第 1 个是用 COUNTBLANK 函数看看结果是否是 1；第 2 个是用 LEN 函数看看结果是否为 0。

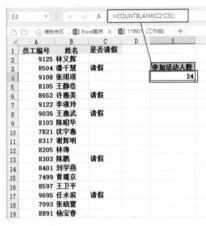

图12-4

12.3 COUNTIF单条件计数统计

在实际工作中，统计往往是带有条件的，本节先来说说单条件统计的方法，由于单条件的情况很简单，所以很多人在碰到这类问题时，首先想到的是借助排序筛选等方法，而不是函数计算。

当需要得到结果的时候，用函数计算显然是最直接的方法。在Excel中，COUNTIF函数可以配合条件进行计数统计。

先看个案例，如图12-5所示。

No.	姓名	性别	民族	部门	身份证号码	年龄	文化程度		
				员工基本信息表					
1	林海	女	汉	开发部	110106198401185428	33	中专		女性人数
2	陈鹏	男	回	技术部	21024119830118563X	34	研究生		
3	刘学燕	女	汉	技术部	320631196506189648	52	大学本科		
4	黄曦京	女	汉	市场部	110108198903208629	28	大学本科		少数民族人数
5	王卫平	男	回	开发部	450663196005237859	57	大学本科		
6	任水滨	女	汉	测试部	131005197901185457	38	大学本科		
7	张晓寰	男	藏	开发部	513051198902178991	28	大专		年龄大于35岁的人数
8	杨宝春	男	汉	市场部	210258198307185574	34	研究生		
9	许东东	男	汉	开发部	513104198409177582	32	研究生		
10	王川	男	汉	开发部	330110199501184633	22	大学肄业		年龄大于35且小于50的人数
11	连威	男	汉	测试部	510130197907188941	38	大学本科		
12	高琳	女	汉	开发部	11010419741218647X	42	研究生		
13	沈克	女	满	市场部	210102198506184518	32	大学本科		
14	艾芳	女	汉	市场部	310105198202175658	35	研究生		
15	王小明	男	汉	开发部	310261199112207856	25	大学本科		

图12-5

这个例子左侧是一个"员工基本信息表"，在右侧有4个统计问题。这4个统计问题都可以借助COUNTIF函数直接计算出来。

先统计"女性人数"，在结果中输入公式"=COUNTIF(C3:C22,"女")"，确认后得到结果，如图12-6所示。

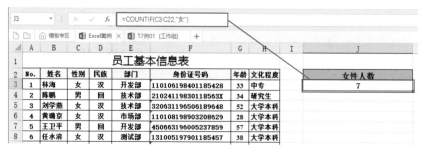

图12-6

 函数说明

"=COUNTIF(C3:C22,"女")"有两个参数，第1个是统计范围，本例是所有的性别单元格字段区C3:C22；第2个参数是条件，本例统计女性人数，所以应用"女"。

再来统计"少数民族人数"，在结果单元格中输入公式"=COUNTIF(D3:D22,"<>汉")"，确认后得到结果，如图12-7所示。

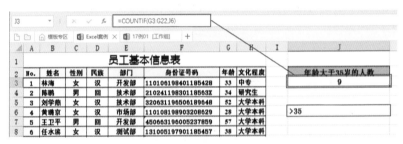

图12-7

 函数说明

　　"=COUNTIF(D3:D22,"＜＞汉")"的条件设置为"＜＞汉"，"＜＞"在Excel中表示"不等于"的意思，所以不等于"汉"就是"少数民族"。

　　再来统计"年龄大于35岁的人数"，在结果单元格中输入公式"=COUNTIF(G3:G22,J6)"，确认后得到结果，如图12-8所示。

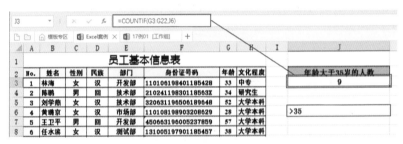

图12-8

 函数说明

　　"=COUNTIF(G3:G22,J6)"的条件没有用常量，而是用了J6单元格，这样的好处是当J6单元格内容进行了调整，就相当于改变了统计的条件，结果便可自动更新。

　　最后统计"年龄大于35且小于50的人数"，看到这个条件后，是不是发现这不是单条件，而是两个条件，一个大于35，另一个小于50。的确，这是一个"与"关系的两个条件，用一个COUNTIF函数无法完成计算，但是由于两个条件都与年龄相关，所以只要把逻辑关系搞清楚，是可以用两个函数做四则运算得到结果的。输入公式"=COUNTIF(G3:G22,">35")–COUNTIF(G3:G22,">=50")"，确认后得到结果，如图12-9所示。

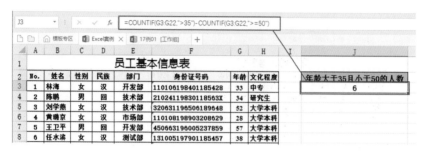

图12-9

 函数说明

公式 "=COUNTIF(G3:G22,">35")-COUNTIF(G3:G22,">=50")" 用了两个 COUNTIF 函数分别计算年龄大于 35 岁的人数和年龄大于或等于 50 岁的人数，然后直接相减，便可得到年龄大于 35 岁且小于 50 岁的人员个数。

如果不用两个COUNTIF函数相减计算，希望用一个函数直接搞定，那么就应该用COUNTIFS函数。公式可以写为 "=COUNTIFS(G3:G22,">35",G3:G22,"<50")"，具体应用详见12.4节的内容。

12.4 COUNTIFS多条件计数统计

在统计时，如果条件不止一个，建议大家使用COUNTIFS函数，该函数的用法简单，易于掌握。

通过下面的例子来学习函数的操作规则，如图12-10所示。

图12-10

在这个例子中，要统计的条件是"年龄大于35且小于50的女性人数"，也就是3个条件。所以在结果单元格中直接输入公式"=COUNTIFS(G3:G22,">

35",G3:G22,"<50",C3:C22,"女")"，确定后得到结果，如图12-11所示。

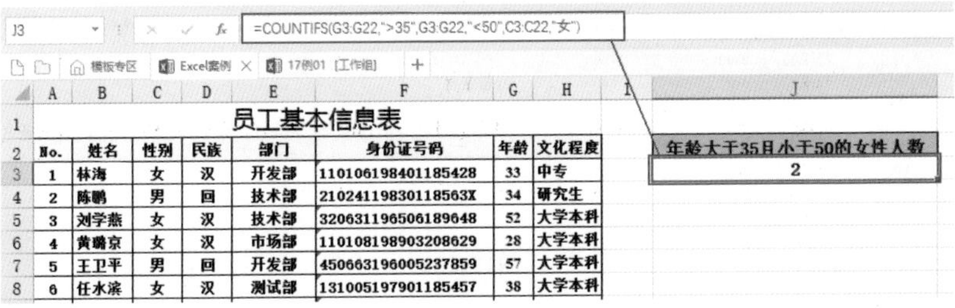

=COUNTIFS(G3:G22,">35",G3:G22,"<50",C3:C22,"女")

员工基本信息表

No.	姓名	性别	民族	部门	身份证号码	年龄	文化程度
1	林海	女	汉	开发部	110106198401185428	33	中专
2	陈鹏	男	回	技术部	21024119830118563X	34	研究生
3	刘学燕	女	汉	技术部	320631196506189648	52	大学本科
4	黄晓京	女	汉	市场部	110108198903208629	28	大学本科
5	王卫平	男	回	开发部	450663196005237859	57	大学本科
6	任水滨	女	汉	测试部	131005197901185457	38	大学本科

年龄大于35且小于50的女性人数
2

图12-11

函数说明

"=COUNTIFS(G3:G22,">35",G3:G22,"<50",C3:C22,"女")"是多条件计数，参数总是先设置统计区，再设置条件一组一组地出现，有几个条件，就有多少组。所以本例设置了3组统计区和条件。

12.5 SUMPRODUCT多条件计数

还记得9.6节介绍的用SUMPRODUCT函数计算多条件汇总的方法吗？要是不记得就去前面看看。

看一个案例，要求在产品销售统计表中统计"1月东区以及销售金额在8000元以上"的订单个数，如图12-12所示。

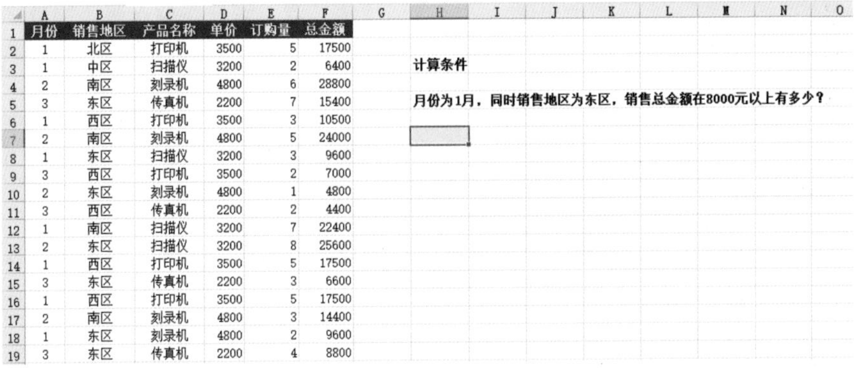

月份	销售地区	产品名称	单价	订购量	总金额
1	北区	打印机	3500	5	17500
1	中区	扫描仪	3200	2	6400
2	南区	刻录机	4800	6	28800
3	东区	传真机	2200	7	15400
1	西区	打印机	3500	3	10500
2	南区	刻录机	4800	5	24000
1	东区	扫描仪	3200	3	9600
3	西区	打印机	3500	2	7000
2	东区	刻录机	4800	1	4800
3	西区	传真机	2200	2	4400
1	南区	扫描仪	3200	7	22400
2	东区	扫描仪	3200	8	25600
1	西区	打印机	3500	5	17500
3	东区	传真机	2200	3	6600
1	西区	打印机	3500	5	17500
2	南区	刻录机	4800	3	14400
1	东区	刻录机	4800	2	9600
3	东区	传真机	2200	4	8800

计算条件

月份为1月，同时销售地区为东区，销售总金额在8000元以上有多少？

图12-12

这个例子是要统计3个条件，除了用COUNTIFS函数，也可以用SUMPRODUCT函数来配合。选中结果后，输入公式"=SUMPRODUCT((A2:A106=1)*(B2:B106="东区")*(F2:F106>8000))"，确定后得到结果，如图12-13所示。

图12-13

 函数说明

=SUMPRODUCT((A2:A106=1)*(B2:B106=" 东区 ")*(F2:F106>8000))" 中将 3 个条件相乘，每个条件都是一个数组。在每个条件中，条件满足的单元格会得到 "1"，不满足的会得到 "0"。3 个条件就是 3 个数组，只有当 3 个条件同时满足时才会是 3 个 "1" 相乘，得到 "1"，只要有一个条件不满足，结果就是 "0"。函数最后会将所有的 1 相加，统计出符合条件的个数。

12.6 FREQUENCY数值区间统计分析

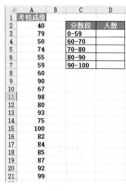

图12-14

用COUNTIFS函数可以统计和计算复杂的多条件的计数结果。但是，一旦要计算的结果多，无论条件多么简单，也一定会花费很长时间。

看个例子就知道什么是条件简单。在如图12-14所示的例子中是一个 "考核成绩" 表，现在需要按照不同成绩区间得到计数结果。

每个分数段就是每一个条件，用COUNTIFS函数完全可以计算出来。现在的问题是区间有很多，要是用常规方法需要计算多次，浪费了太多时间。

如果用FREQUENCY函数来配合计算，可以说无论多少个区间，都可以一次性解决。FREQUENCY就是 "频率" 的英文单词，所以它的作用是统计不同频率点区间的个数，函数的应用规则也非常简单：

=FREQUENCY(数据区域 , 频率区间)

"数据区域" 就是需要统计计算的所有数据，"频率区间" 是指统计的条件区间。

要想用好 "FREQUENCY" 函数，这里有两个提示。

第一：需要先做一个能让Excel理解的频率区间列表，在这个列表中要把区间节点的最大值罗列出来，然后才能运算，如图12-15所示。

图12-15

📷 **操作提示**

在罗列区间节点时，要写每一个区间的最大值。因为这个函数的区间特点是找小于或等于这个节点，同时大于上一个节点的范围。这个例子写59、70、80、90、100，就说明有5个区间，第1个区间是小于或等于59，第2个区间是小于或等于70，且大于59，第3个区间是小于或等于80，且大于70……

第二：在应用"FREQUENCY"函数时，通常都要以数组公式的方式应用。

搞清这两个前提后，下面就来看操作：

❶ 把区间最大值节点做成列表。

❷ 选中每个节点后面所有的结果单元格（注意是所有的结果单元格）。

❸ 在活动单元格或者上方"编辑栏"中输入公式"=FREQUENCY(A2:A21, C10:C14)"，如图12-16所示。

❹ 函数写完后，要用Ctrl+Alt+Enter组合键确定，函数被设置成数组公式。同时选中的所有结果单元格可自动全部得到准确的结果，如图12-17所示。

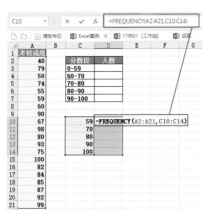

图12-16

图12-17

函数说明

数组公式 "{=FREQUENCY(A2:A21,C10:C14)}" 在应用前就将所有的结果选中，在第 2 个参数中事先按照小于或等于这个节点，同时大于上一个节点的特点将区间做好，当用 Ctrl+Alt+Enter 组合键确定后，就可一次性得到所有区间的统计结果。

有了这招以后，再计算这种分阶段的统计时，像"年龄段"、"分数段"等区间，别说是5个区间阶段，你给我50个，咱也能在1分钟内快速解决问题。

12.7 RANK计算排名

大家对排名一定不陌生吧？无论是上学时的考试成绩，还是工作后的KPI绩效，都会有排名名次。

有道是，有人的地方就有江湖，有数的地方就有排名。一提排名，很多人首先想到的就是排序，然后在排序的信息后添加数字编号。这种做法有两点不足：第一，这种排名不可能随着数据的变化而自动更新；第二，如果存在数据大小相同的数值，这种排序就不真实。

以后，对一组数据进行排名统计时要用RANK函数，RANK正是英文单词排名的含义，它的应用规则是：

=RANK(排名数值 , 和哪一组数据比较 , 排名方式)

▶ 排名数值：就是对哪个数排名；
▶ 和哪一组数据比较：就是排名的一组数据；
▶ 排名方式：有两种方式。一种是，数据越大，排名越靠前，这种方式称为"降序"，可写"0"或者忽略；另一种是，数据越小，排名越靠前，这种方式称为"升序"，可写非零，一般写"1"。

了解规则后，就可以来看操作了。在如图12-18所示的例子中要按照"总金额"的多少计算出每个订单的排名。

选中结果单元格，然后输入公式"=RANK(F2,$F$2:$F$26)"，得到结果后向下复制填充，如图12-19所示。

月份	销售地区	产品名称	单价	订购量	总金额	排名
1	北区	打印机	3500	5	17500	
1	中区	扫描仪	3200	2	6400	
2	南区	刻录机	4800	6	28800	
3	东区	传真机	2200	7	15400	
1	西区	打印机	3500	3	10500	
2	南区	刻录机	4800	5	24000	
1	东区	扫描仪	3200	3	9600	
3	西区	打印机	3500	2	7000	
2	东区	刻录机	4800	1	4800	
3	西区	传真机	2200	2	4400	
1	南区	扫描仪	3200	7	22400	
2	西区	扫描仪	3200	8	25600	
1	西区	打印机	3500	5	17500	
3	东区	传真机	2200	3	6600	
1	西区	打印机	3500	5	17500	
2	南区	刻录机	4800	3	14400	
1	东区	刻录机	4800	2	9600	
3	东区	传真机	2200	4	8800	

图12-18

G2 =RANK(F2,$F$2:$F$26)

月份	销售地区	产品名称	单价	订购量	总金额	排名
1	北区	打印机	3500	5	17500	7
1	中区	扫描仪	3200	2	6400	21
2	南区	刻录机	4800	6	28800	3
3	东区	传真机	2200	7	15400	11
1	西区	打印机	3500	3	10500	14
2	南区	刻录机	4800	5	24000	5
1	东区	扫描仪	3200	3	9600	15
3	西区	打印机	3500	2	7000	18
2	东区	刻录机	4800	1	4800	23
3	西区	传真机	2200	2	4400	24
1	南区	扫描仪	3200	7	22400	6
2	西区	扫描仪	3200	8	25600	4
1	西区	打印机	3500	5	17500	7
3	东区	传真机	2200	3	6600	20
1	西区	打印机	3500	5	17500	7
2	南区	刻录机	4800	3	14400	12
1	东区	刻录机	4800	2	9600	15
3	东区	传真机	2200	4	8800	17

图12-19

函数说明

"=RANK(F2,$F$2:$F$26)"的第1个参数（F2）是计算哪个数的排名；第2个参数（$F$2:$F$26）是和哪一组数进行比较；第3个参数忽略，说明是数据越大，排名越靠前。

这样计算完成的结果是非常规范的，只需要对排名进行升序排序，即可看到排名越靠前的"总金额"数据越大，排名越靠后的"总金额"数据越小，如果是"总金额"相同的数据，排名也是相同的。

需要特别说明的是，在本例中有4个并列第"7"名，然后下一个名次就是从第"11"名开始编排了，中间的第8名、第9名和第10名会自动跳过，Excel这样的安排是符合国际排名惯例的，而且可确保总人数和总名次吻合，如图12-20所示。

月份	销售地区	产品名称	单价	订购量	总金额	排名
3	南区	刻录机	4800	9	43200	1
3	中区	刻录机	4800	8	38400	2
2	南区	刻录机	4800	6	28800	3
2	东区	扫描仪	3200	8	25600	4
2	南区	刻录机	4800	5	24000	5
1	南区	扫描仪	3200	7	22400	6
1	北区	打印机	3500	5	17500	7
1	西区	打印机	3500	5	17500	7
1	西区	打印机	3500	5	17500	7
2	北区	打印机	3500	5	17500	7
3	东区	传真机	2200	7	15400	11
2	南区	刻录机	4800	3	14400	12
2	西区	刻录机	4800	3	14400	12
1	西区	打印机	3500	3	10500	14
1	东区	扫描仪	3200	3	9600	15
1	东区	刻录机	4800	2	9600	15
3	东区	传真机	2200	4	8800	17
3	西区	打印机	3500	2	7000	18

图12-20

12.8 功能拓展：名次连续的排名

当遇到并列名次时，用RANK函数排名一定会出现后面的名次自动跳过前面重复的排名。但是在工作中，有时也需要并列名次后下面的排名是连续的情况，如：体育比赛中两个并列亚军后，还会有季军。

仍以刚才的例子进行说明，如果希望排名无论是否有并列，名次都是连续

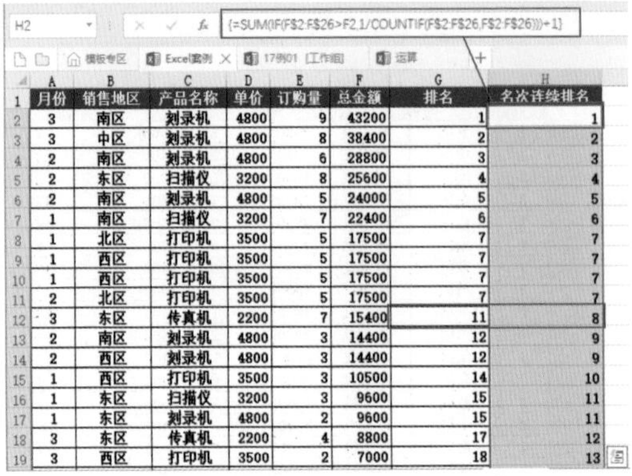

图12-21

的，那么就要输入数组公式"{=SUM(IF(F\$2:F\$26>F2,1/COUN-TIF(F\$2:F\$26,F\$2:F\$26)))+1}"，然后向下方复制填充，如图12-21所示。

从图12-21中可以很容易对比出两种方法计算后的区别。这个数组公式属于高级应用，并且也较为复杂，大家在工作中有这方面的需求时，可直接套用公式，无须太多理解，当作运算模型应用就好。

第3部分

Excel数据分析

俗话说：养兵千日，用兵一时。在 Excel 中管理数据、运算数据，前面已讲了那么多技巧和经验，不都是为了能够对数据进行快速分析吗？数据分析是 Excel 应用的终极需求，它是以数据管理为基础，以数据运算为手段，Excel 的应用就是将这三方面的功能进行有效结合，来解决工作中的各种问题。

大家别以为数据分析是特别高深的事儿。所谓数据分析，其实就是把结果转化为结论。如：年龄小于 30 岁的有多少个是结果，但是年龄小于 30 岁的人都是谁就是结论；计算出每个月的销售额是结果，但是做成图表后看到销售额趋势变化就是结论。

Excel 的数据分析方法多样，而且形式灵活，常见的数据分析方法包括：数据排序、筛选、条件格式、图表以及数据透视应用等，甚至还有模拟分析、规划求解等预测分析功能。

第13章
信息排序和筛选

"排序"和"筛选"是数据分析中最简单的两种方式，也是很多数据分析的前提应用。通俗地说，就算我们不会高级的数据分析方法，只要对数据信息先排序，就算是手工查找都能方便很多。

在Excel中，无论"排序"还是"筛选"，都有简单和高级之分，操作虽然不难，但是这些功能中隐藏了很多技巧和经验，掌握这些套路后，操作就简单了。

13.1 快速解决数据排序后表单混乱

排序排不好，表就会乱。所谓乱，有两种常见的情况：一是只有排序的字段排序，其他信息不变；二是表头和标题在排序后跑到表的下面去了。这两种情况是很多菜鸟在排序时都会碰到的，究其原因，就三个字：方法错。

先说说第一种情况，排序后发现只有排序的字段排了，而其他信息的位置并没有发生变化，从而导致表单混乱。

发生这种情况的原因就是把排序的字段整列选中了。此时，只要一排序，一定会弹出一个"扩展选区"提示对话框，选择一旦不对，后果就是只有选中的字段自己排序，从而整表数据大乱。

什么才是排序的好方法？

如果是规则表单或者是字段表单，若以一个字段为基准进行排序，正确的操作方法是：

只需选中要排序字段中的任一单元格（不要做选择区域），然后直接单击"数据"工具栏（也可以是"开始"工具栏）中的"升序" ↓↑ 或"降序" ↑↓ 按钮。

在图13-1所示的例子中，就是要对表的第1列"月份"信息做升序排序，所以操作就两步：第1步，将光标任意定位在"月份"一列单元格；第2步，单击"升序"按钮 ↓↑ 完成。

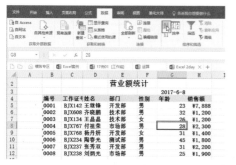

图13-1

再来说说第二种乱的情况，表头和标题居然在排序后跑到表的下面去了。出现这种情况通常是表单不规则造成的。所谓不规则，有以下几种情况。

▶ 表中有的字段没有标题；

▶ 表头标题行有复杂的合并标题；

▶ 在标题上方紧邻的行中有其他信息，致使Excel分辨不出哪个是标题行。如图13-2所示，左侧的表标题上方有一行日期，日期上方又有一个大标题，对于这种情况，一旦对表中"年龄"字段进行排序，一定会使标题参与排序，跑到表的下方。

图13-2

解决这个问题有两种方法。

方法1：距离产生美。造成问题的"罪魁祸首"是标题上方紧挨着的日期和大标题信息，所以最简单的玩法就是在排序前先把标题和上方的日期之间插入一个空行。

有了这个空行后，便可按照正常的方法将光标定位在"年龄"列的任意单元格，然后直接排序，便可得到正确的排序效果，如图13-3所示。

图13-3

方法2：按部就班。既然是标题上方连接其他数据，导致Excel分不清标题，那么就手动选中数据区，然后选择"数据"工具栏中的"排序"按钮，在对话框中设置排序的"主要关键字"、"次序"，以及是否勾选"数据包含标题"等选项。先手动选择所有的数据，再用对话框排序，从而化解问题，如图13-4所示。

图13-4

13.2 自定义文本顺序进行排序

先问个问题："文本"在Excel中能排序吗？答案是：一定能。文本排序的默认依据就是按照文本的音序来排列，如：按“性别”升序排列，那么一定是“男”（nan）在前，“女”（nv）在后。

再问一个问题：“文本”排序的意义是什么？非要分出个“男”小“女”大的目的是什么？答案是：分出“男”小“女”大的确没有意义，但是对“性别”排序后可以把所有的“男”放在表单上方，把所有的“女”放在表单下方。这次明白了吧，对文本排序就是按“性别”分类。

那么问题来了，文本排序是按照音序排序来区分大小的，可是在实际工作中，有很多文本需要按照文本含义进行排序，如：“职位”信息按照职位高低排序；“部门”按照行政、内勤和销售排序；“文化程度”按照学历高低排序等。

来看个例子，在如图13-5所示的“人力资源信息表”中，如果对“文化程度”字段直接“降序”排序，会按音序排序，将“硕士”放在首位，把“本科”放在最后，虽然将文本进行了分类，但是并没有真正按照学历进行划分。

人力资源信息表

ID	部门	职务	姓名	性别	年龄	文化程度	工资
001	财务部	经理	孙大立	男	35	本科	3000
002	技术部	经理	李 琳	男	33	硕士	3100
003	财务部	会计	白 俊	女	40	硕士	3500
004	市场部	经理	徐 娟	女	38	大专	3200
005	技术部	工程师	陈 培	女	25	大专	2500
006	市场部	项目经理	王 蒴	男	26	本科	3500
007	财务部	出纳	蔡小琳	女	25	大专	2500
008	技术部	工程师	王新力	男	29	博士	6000
009	市场部	项目经理	江 湖	男	30	大专	2000
010	市场部	项目经理	高 永	男	45	本科	3800
011	技术部	工程师	颜 红	女	33	博士	5800
012	市场部	项目经理	安为军	男	39	本科	2300
013	技术部	工程师	钱跃	女	34	本科	4500
014	财务部	会计	林海	女	45	本科	3600

人力资源信息表

ID	部门	职务	姓名	性别	年龄	文化程度	工资
002	技术部	经理	李 琳	男	33	硕士	3100
003	财务部	会计	白 俊	女	40	硕士	3500
015	技术部	工程师	陈鹏	男	32	硕士	3100
016	市场部	项目经理	瞿艳辉	女	31	硕士	4000
020	市场部	经理	钱立	男	39	硕士	4600
004	市场部	经理	徐 娟	女	38	大专	3200
005	技术部	工程师	陈 培	女	25	大专	2500
007	财务部	出纳	蔡小琳	女	25	大专	2500
009	市场部	项目经理	江 湖	男	30	大专	2000
017	市场部	项目经理	黄璐京	女	49	大专	2800
021	技术部	工程师	张晓寰	男	49	大专	2800
008	技术部	工程师	王新力	男	29	博士	6000
011	技术部	工程师	颜 红	女	44	博士	5800
001	财务部	经理	孙大立	男	35	本科	3000

图13-5

要想解决这个问题，让“文化程度”真正按照学历排序，就要使用“自定义序列”的方式来排序。

❶ 将光标定位在“文化程度”列的任意单元格，然后选择“数据”工具栏中的“排序”命令，打开“排序”对话框，选择“次序”下拉列表中的“自定义序列”命令，如图13-6所示。

❷ 打开“自定义序列”对话框后，在右侧“输入序列”框中输入“博士、硕士、本科、专科、高中”，然后单击“添加”按钮，如图13-7所示。

图13-6 图13-7

❸ 添加后，自定义文本序列进入左侧的"自定义序列"中，单击"确定"按钮返回"排序"对话框，在对话框的"次序"里出现自定义序列，如图13-8所示。

❹ 选择"主要关键字"的"文化程度"后，单击"确定"按钮返回表单，可以看到表中"文化程度"便按照自定义序列的方式进行了排列，如图13-9所示。

图13-8 图13-9

有了这些技能后，就不用担心对文本进行排序了。

13.3 多字段多关键字排序

在排序时，大家有没有想过一个问题，如果排序的两个信息是一样的，会怎样？看个例子，左侧是"人力资源信息表"，右侧是按照"年龄"降序排序后的效果，如图13-10所示。

ID	部门	职务	姓名	性别	年龄	文化程度	工资
001	财务部	经理	孙大立	男	35	本科	3000
002	技术部	经理	李琳	男	33	硕士	3100
003	财务部	会计	白俊	女	40	硕士	3500
004	市场部	经理	徐娟	女	38	大专	3200
005	技术部	工程师	陈培	女	25	大专	2500
006	市场部	项目经理	王朔	男	26	本科	3500
007	财务部	出纳	蔡小琳	女	25	大专	2500
008	技术部	工程师	王新力	男	29	博士	6000
009	市场部	项目经理	江湖	男	30	大专	2000
010	市场部	项目经理	高永	男	45	本科	3800
011	技术部	工程师	颜红	女	44	博士	5800
012	市场部	项目经理	安为军	男	39	本科	2300
013	技术部	工程师	钱跃	女	34	本科	4500
014	财务部	会计	林海	女	44	本科	3600

ID	部门	职务	姓名	性别	年龄	文化程度	工资
018	技术部	工程师	王卫平	男	58	本科	3600
017	市场部	项目经理	黄璐玲	女	49	大专	2800
021	技术部	经理	张晓寰	女	49	大专	2800
010	市场部	项目经理	高永	男	45	本科	3800
011	技术部	工程师	颜红	女	44	博士	5800
014	财务部	会计	林海	女	44	本科	3600
003	财务部	会计	白俊	女	40	硕士	3500
012	市场部	项目经理	安为军	男	39	本科	2300
019	市场部	项目经理	任水滨	男	39	本科	3000
020	市场部	经理	钱立	男	39	硕士	4600
004	市场部	经理	徐娟	女	38	大专	3200
001	财务部	经理	孙大立	男	35	本科	3000
013	技术部	工程师	钱跃	女	34	本科	4500
002	技术部	经理	李琳	男	33	硕士	3100

图13-10

按"年龄"降序排序后，很多年龄相同的人员有的排在上面，有的排在下面，他们要是找上门问个究竟："我们年龄一样，凭什么他排在我上面？"你说啥？估计只能说：啊，那是一个天意。

怎么解决？用多关键字排序吧。所谓多关键字排序，是指有多个排序条件，先按第1个关键字排序，若分不出大小，条件完全一致，那么就比较第2个关键字，当第2个关键字还是一致的，就比较第3个关键字，以此类推。

仍以这个"人力资源信息表"为例，我们设定3个条件，先比年龄，谁大谁在前；如果年龄相同，那么就比性别，女士排在男士前面；如果性别相同，再比较"文化程度"。

❶ 选中表单的任意单元格，然后选择"数据"工具栏中的"排序"命令，打开对话框。

❷ "主关键字"选择"年龄"，然后在"次序"中设置"降序"；再单击对话框上方的"添加条件"按钮，在"次要关键字"中选择"性别"，在"次序"中设置"降序"；再"添加条件"为"文化程度"，在"次序"中选择前面例子设置好的"自定义序列"，如图13-11所示。

图13-11

❸ 单击"确定"按钮后，返回数据表。可以看到表中的数据先按照"年龄"进行了降序排序，当"年龄"一致时，性别为"女"的信息排在上面，当"性别"也一致时，则按照"博士、硕士、本科、专科、高中"的顺序排列数据，如图13-12所示。

			人力资源信息表				
ID	部门	职务	姓名	性别	年龄	文化程度	工资
018	技术部	工程师	王卫平	男	58	本科	3600
017	市场部	项目经理	黄璐京	女	49	大专	2800
021	技术部	工程师	张晓寰	男	49	大专	2800
010	市场部	项目经理	高 永	男	45	本科	3800
011	技术部	工程师	颜 红	女	44	博士	5800
014	财务部	会计	林海	女	44	本科	3600
003	财务部	会计	白 俊	女	40	硕士	3500
019	市场部	项目经理	任水滨	女	39	本科	3000
020	市场部	经理	钱立	男	39	硕士	4600
012	市场部	项目经理	安为军	男	39	本科	2300
004	市场部	经理	徐 娟	女	38	大专	3200
001	财务部	经理	孙大立	男	35	本科	3000
013	技术部	工程师	钱跃	女	34	本科	4500
002	技术部	经理	李 琳	女	33	硕士	3100

图13-12

写到这里，排序的内容都介绍得差不多了，突然想到一个问题，知道排序后的表单数据怎么还原吗？千万别告诉我用"撤销"的方法，大家仔细看看本书的这些例子，看看第1列是什么信息，看到"ID"或者"编号"了吗？没错，用"ID"或者"编号"字段"升序"排序即可还原表单。

13.4 简单筛选中的"与""或"条件

在Excel中，利用"数据"工具栏中的"筛选"命令，可以在数据表中实现"筛选"功能，这种筛选就是简单筛选。它虽然可以实现一个字段的"与"、"或"关系查询，也能对多个字段进行筛选，但还是有其局限性。先看个例子，再说局限性在哪里。

在"人力资源信息表"中（见图13-13），筛选出"工资"小于或等于3000元，或者大于或等于5000元的"男"员工信息。

图13-13

❶ 选择"数据"工具栏中的"筛选"命令。

❷ 选择"工资"字段的筛选列表，选择"数字筛选"下的"自定义筛选"命令，如图13-14所示。

❸ 在"自定义自动筛选方式"对话框中，将"工资"条件设定成"小于或等于"3000元，"或"，"大于或等于"5000元，如图13-15所示。

图13-14

图13-15

④ 确定后返回表单，可以看到显示出来的信息是"工资"数值"小于或等于"3000元或者"大于或等于"5000元的数据，如图13-16所示。

⑤ 再利用"性别"筛选列表，将筛选条件设置为"男"，这样便可将"性别"为"男"，同时"工资"小于或等于3000元或者大于或等于5000元的信息筛选显示出来，不符合条件的信息自动进行了隐藏，如图13-17所示。

图13-16

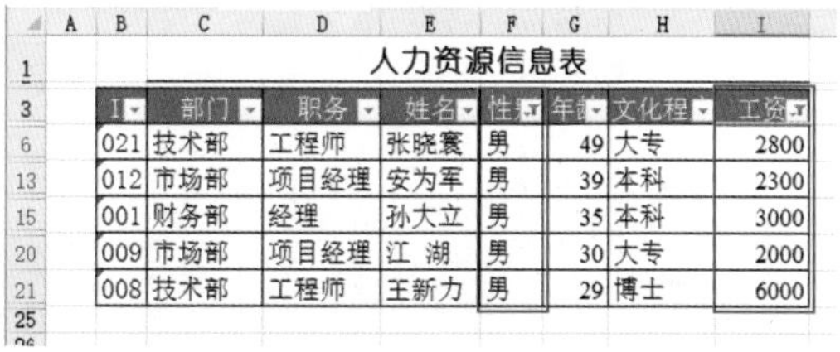

图13-17

怎么样？功能够强大吧，多个字段的筛选同时在一个字段中还能实现"或"关系。先别高兴得太早，问大家两个问题：第1，多个字段间可以做到"或"关系吗？如：性别是"男"或者工资"大于5000"；第2，筛选时能将结果在其他地方显示出来，而不是在原表中筛选吗？

这两个问题是简单的自动筛选做不到的，需要学习和应用"高级筛选"，所以赶快看看下一节吧。

13.5 用高级筛选查询多个字段的“与”“或”关系

“高级筛选”高级在哪里？其实就是两句话：第一，能筛选查询多个字段的“与”、“或”复杂条件；第二，能把筛选结果复制到其他地方。可以这样理解，单一工作表的“高级筛选”就是数据库的“查询”功能。

> **套路** “高级筛选”在应用时有个非常重要的前期准备，就是在筛选前要在空白的单元格中书写出筛选条件。在书写筛选条件时，要先写与表单完全相同的表标题，然后在下方填写筛选条件。如果多个条件是“与”关系，就在一行填写；如果多个条件是“或”关系，就错行填写。

看个例子，在如图13-18所示的例子中，左侧是“人力资源信息表”，右侧是筛选的“条件”，按照“同行是‘与’，错行是‘或’”的规则，可以看到要筛选查询的人员是3种：第1种是年龄大于40岁，同时小于50岁，而且部门是“技术部”的人员；第2种则是职务为“工程师”的“女性”人员；第3种是职务为“项目经理”的人员。

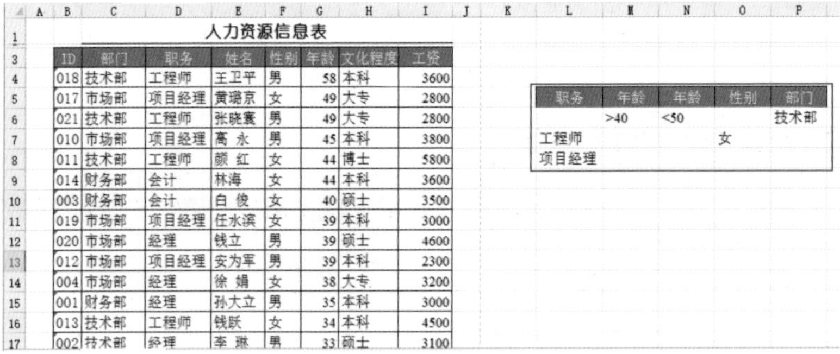

人力资源信息表

ID	部门	职务	姓名	性别	年龄	文化程度	工资
018	技术部	工程师	王卫平	男	58	本科	3600
017	市场部	项目经理	黄璐京	女	49	大专	2800
021	技术部	工程师	张晓寰	男	49	大专	2800
010	市场部	项目经理	高 永	男	45	本科	3800
011	技术部	工程师	颜 红	女	44	博士	5800
014	财务部	会计	林海	女	44	本科	3600
003	财务部	会计	白 俊	女	40	硕士	3500
019	市场部	项目经理	任水滨	女	39	本科	3000
020	市场部	经理	钱立	男	39	硕士	4600
012	市场部	项目经理	安为军	男	39	本科	2300
004	市场部	经理	徐 娟	女	38	大专	3200
001	财务部	经理	孙大立	男	35	本科	3000
013	技术部	工程师	钱跃	女	34	本科	4500
002	技术部	经理	李 琳	男	33	硕士	3100

职务	年龄	年龄	性别	部门
	>40	<50		技术部
工程师			女	
项目经理				

图13-18

按照这个条件，我们来做“高级筛选”，选择数据表单中的任意单元格，然后选择“数据工具栏”中的“高级筛选”命令，打开“高级筛选”对话框。“方式”选项中选择“将筛选结果复制到其他位置”，然后在“条件区”中选择事先准备好的这几个条件所在单元格，最后在“复制到”中用鼠标单击“B27”单元格，表示从B27开始生成筛选结果，如图13-19所示。

确定后，从B27开始生成出筛选结果的数据表，在表中可以清晰地看到按照筛选的3种条件将人员信息显示了出来，如图13-20所示。

图13-19　　　　　　　　　　　　图13-20

13.6 用高级筛选实现模糊查询

利用"高级筛选"不仅可以实现多个字段"与"、"或"关系的查询，还可以把条件设置成"通配符"，实现模糊筛选查询。

下面通过一个例子，让大家看看什么是"模糊"筛选查询。在图13-21所示的表中，"户籍所在地"一列是每个员工的户籍情况，下面要将所有的"辽宁"籍人员信息筛选出来，这就是典型的"模糊"筛选，其实也就是"文本包含"查询。

No.	姓名	性别	户籍所在地	出生日期	年龄
吉瑞天德培训公司员工信息表					
1	林海	女	北京	1984-1-18	33
2	陈鹏	男	辽宁大连	1983-1-18	34
3	刘学燕	女	江苏南通	1965-6-18	51
4	张昆玲	女	北京	1989-3-20	27
5	黄璐京	男	广西防城港	1960-5-23	56
6	王卫平	男	河北廊坊	1979-1-18	38
7	任水滨	男	辽宁抚顺	1989-2-17	28
8	张晓震	男	辽宁大连	1983-7-18	33
9	曾晓丹	女	四川雅安	1984-9-17	32
10	许东东	男	浙江杭州	1995-1-18	22
11	陈莉	女	辽宁锦州	1979-7-18	37
12	张和平	男	四川成都	1974-12-18	42
13	王斌	男	辽宁沈阳	1985-6-18	31
14	李恩旭	男	上海	1982-2-17	35

图13-21

❶ 在表旁空白区域先写"户籍所在地"标题，然后在标题下方书写"辽宁*"（其中"*"表示通配符，也就是什么都可以代替的意思），如图13-22所示。

No.	姓名	性别	户籍所在地	出生日期	年龄		户籍所在地
吉瑞天德培训公司员工信息表							
1	林海	女	北京	1984-1-18	33		辽宁*
2	陈鹏	男	辽宁大连	1983-1-18	34		
3	刘学燕	女	江苏南通	1965-6-18	51		
4	张昆玲	女	北京	1989-3-20	27		
5	黄璐京	男	广西防城港	1960-5-23	56		
6	王卫平	男	河北廊坊	1979-1-18	38		
7	任水滨	男	辽宁抚顺	1989-2-17	28		

图13-22

❷ 选择"数据工具栏"中的"高级筛选"命令，打开"高级筛选"对话框。在"方式"选项中选择"将筛选结果复制到其他位置"，然后在"条件区"中选择刚刚做的条

件单元格，最后在"复制到"中用鼠标单击"A30"单元格，如图13-23所示。

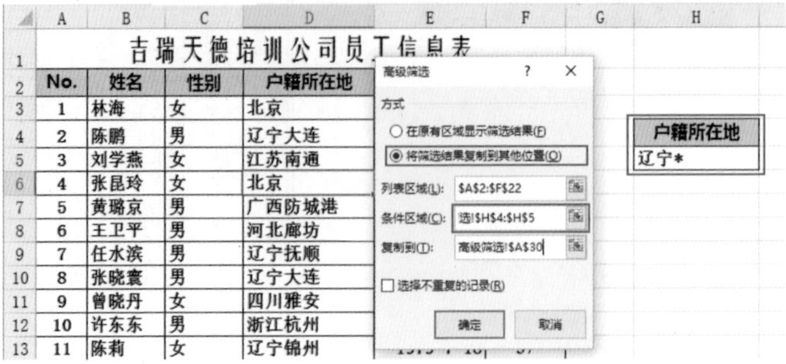

图13-23

❸ 确定后，从A30单元格开始生成符合条件的一个新表单。所有以"辽宁"开头的人员信息都会出现在这个筛选结果表中，如图13-24所示。

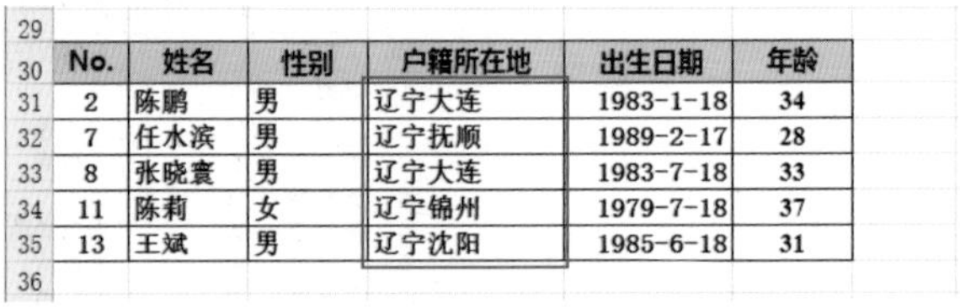

图13-24

怎么样？有没有一种"老乡见老乡，两眼泪汪汪"的感觉？有眼泪，估计不是见到老乡，而是被这个强大的功能感动了。

这个强大的高级筛选功能由于事先要在一个区域写出筛选条件，而且是"同行'与'，错行'或'"，导致很多自己摸索应用的人因没有经验而不能掌握它的功能。这里通过介绍几个例子，希望对大家了解这个功能有帮助，尽早用上高级筛选，尽早过上幸福快乐的生活。

第14章
条件格式应用

根据笔者研究人性多年的经验发现，一般人对三种事物关系是非常敏感的：一是大小的差异；二是颜色的差异；三是形状的差异。这三种关系无须多看，一眼便能分辨出区别。

在Excel应用中，本章介绍的"条件格式"功能和第15章介绍的"图表分析"功能就是充分结合了人性的这些特点，用直观形象的效果快速得出数据分析的结论。

"条件格式"中能够判断的条件非常丰富，无论是"数值"、"文本"、"日期"还是"自定义函数的值"都能当作条件。这些设置的条件一旦满足，就能自动更改单元格格式，起到提示、预警的效果，同时也有数据分析的作用。

14.1 利用数据大小判断更改格式

利用数值的大小直接通过"条件格式"更改单元格格式，是最直接有效的一种效果。在"条件格式"中，有两种常见的利用数值大小更改单元格格式的方式：一种是"突出显示单元格规则"；另一种是"项目选取规则"，如图14-1所示。

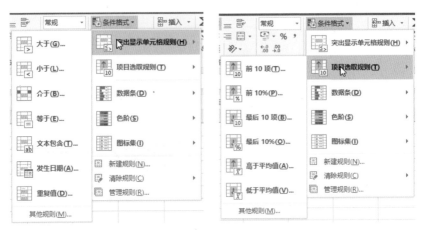

图14-1

其中，"突出显示单元格规则"是根据数值大小本身作为条件，如：数据在某个范围。也可以将"文本包含"的某个文字当作条件；或者用指定日期范围当作条件，只要条件满足，单元格便会自动更改成指定格式。

"项目选取规则"可以指定一组数中最大的几个数值或者最小的几个数值自动更改格式；也可以自动计算，让"高于平均值"或者"低于平均值"的数据单元格更改成指定格式。

看个基本应用的例子，把"销售额"大于400元的数据信息自动更改成不同的颜色。

首先选中"销售额"列所有的单元格，然后选择"开始"工具栏中"条件格式"下拉列表"突出显示单元格规则"下的"大于"命令，如图14-2所示。

图14-2

在弹出的"大于"对话框数据栏中输入"400"，若不修改右侧的格式，Excel会自动以"粉红色"底纹、"深红色"文字当作自动更改的格式，如图14-3所示。

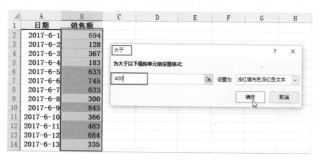

图14-3

确定后，表中所有"大于400"的销售额数据便会自动更改格式，观众可一目了然地知晓哪些数据在此范围。

14.2 利用数据大小添加不同的图形标记

"条件格式"最牛的地方不是简单地让单元格变色，而是在单元格中根据数值大小自动出现"条形图"、"不同图标"或者让单元格根据数值大小出现不同的"色阶"，如图14-4所示。

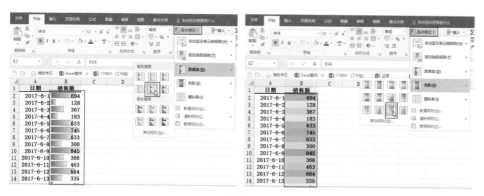

图14-4

下面以在数据表中添加"红绿灯"为例，看看"条件格式"的图标设置方法。

先说最终的要求：在"销售额"中，500元以上是红灯，300至500元是黄灯，300元以下是绿灯。

❶ 选择所有的"销售额"数据，选择"开始"工具栏中"条件格式"下拉列表"图

标集"下的"红绿灯"效果，如图14-5所示。

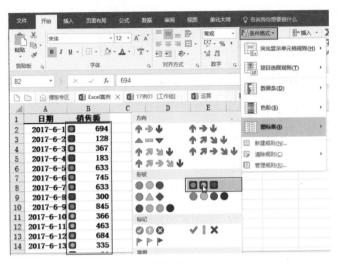

图14-5

❷ 所有的"销售额"数据会以默认的"红绿灯"配置规则自动在数据前面添加"红黄绿"各自的图标。

❸ 再次选择"条件格式"下拉列表最后的"管理规则"命令，打开"条件格式管理器"对话框，可见刚才的条件显示在其中，如图14-6所示。

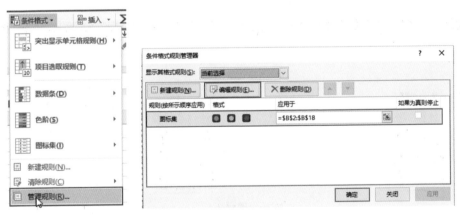

图14-6

❹ 单击上方的"编辑规则"按钮，在打开的"编辑格式规则"对话框中将原有的"百分比"条件更改成"数字"条件，然后依次输入自定义的数值条件，如图14-7所示。

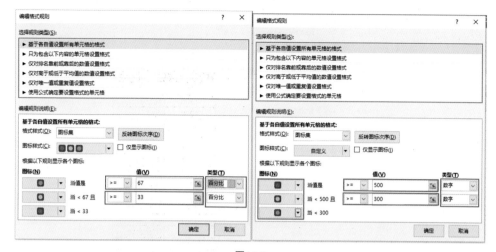

图14-7

更改完成后，单击"确定"按钮返回表单，即可在表中数据的前面根据设定的条件自动添加对应的"红黄绿"不同的图标，如图14-8所示。

试想：这种带红绿灯的表拿到同事和领导面前，他们会怎么想，是不是有感情脆弱的就激动得哭出来了？

14.3 标记第2次以上出现的重复值

图14-8

"条件格式"里有个自动标记"重复值"的功能，也就是说，一组数据信息只要上下有重复的，便会自动标记为不同格式，如图14-9所示。

这种标记在重复信息不多时，是非常有效的一种数据检测方式，但是一旦重复值较多，依然没法很好地观看，所以可以换一种思路来标记，把出现第2次以后的重复信息标记出来。这样表单看上去就不会那么凌乱，不过这需要利用"使用公式"条件格式的配合来操作。

图14-9

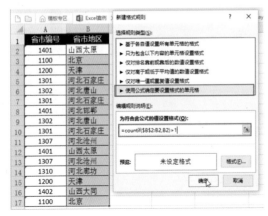

图14-10

下面来看看对出现第2次以后的重复信息标记不同格式的做法。

❶ 选择所有的"省市地区"单元格，然后选择"开始"工具栏中"条件格式"下拉列表下的"新建规则"命令，打开"新建格式规则"对话框，选择"使用公式确定要设置格式的单元格"选项，在下面的框中输入公式"=countif($B$2:B2,B2)>1"，如图14-10所示。

🔍 操作提示

　　公式"=COUNTIF($B$2:B2,B2)>1"前面是COUNTIF条件计数函数，是从第1个"省市地区"B2单元格开始，到下面每一个单元格自己的位置为止，统计出是第几次出现。后面大于1(也就是不是第1个)的作用是当结果大于1时满足"条件格式"的条件要求。也就是说，一旦结果大于1，就是第2次以上出现的。

❷ 条件设置完成后，单击右下角的"格式"按钮，将条件满足后的单元格格式设定成"黄色"底纹加粗文字的效果。设置完成后，单击"确定"按钮返回表单，可以看到"省市地区"中第2次以上出现的文字自动更改成了指定格式，如图14-11所示。

图14-11

今后如果像本例这样，用函数公式的结果当作条件，自定义应用，大家记住两步：第一步是设置条件，第二步是设置格式，正所谓"条件~格式"。

14.4 判断输入的数据类型是否准确

在Excel中时，有时会因数据类型的不规范，导致运算和分析结果错误，如图14-12所示的表中，有很多数据结果都因为前面数据的不规范而无法计算。

这种情况肯定是数值被错误地设置成了"文本"类型。如何快速标记出在大数据表中哪些信息被设置成了"文本"类型？千万别看结果自己查找，一定要配合"条件格式"功能，让"文本"单元格无处遁形。

	A	B	C	D	E
1	销售人	含税情况	收款	尾款	合计
2	王惠武	未含税	2399		2399
3	陈昭华	含税	525677.38	7000	0
4	沈宇惠	未含税		17237	17237
5	谢辉明	未含税		220000	220000
6	林海	未含税	208704.44	600	0
7	陈鹏	未含税	395039.35	350000	745039.35
8	刘学燕	未含税		45039	45039
9	黄曈京	未含税	869237.38	653226.12	1522463.5
10	王卫平	含税	9000		0
11	任水滨	未含税		215255	215255
12	张晓寰	含税	25993.69	25993	51986.69
13	杨宝春	未含税	6000	900	6900
14	许东东	订单含税	4559.38	1230	1230
15	王川	含税	28122.06		28122.06
16	连威	未含税	15000	800	15000
17	高琳	订单含税	16628.19		16628.19
18	沈克	含税	2399	7016	9415
19	艾芳	含税	6000		6000
20	王小明	含税	70000		70000

图14-12

来看如下操作。

❶ 选中所有的数据单元格，然后选择"条件格式"中的"新建规则"。

❷ 在"使用公式确定要设置格式的单元格"栏中输入公式"=ISTEXT(c2)=TRUE"，如图14-13所示。

图14-13

❸ 设置"格式"为红色底纹和白色文字格式。"确定"后返回表，如图14-14所示。

	A	B	C	D	E
1	销售人	含税情况	收款	尾款	合计
2	王惠武	未含税	2399		2399
3	陈昭华	含税	525677.38	7000	0
4	沈宇惠	未含税		17237	17237
5	谢辉明	未含税		220000	220000
6	林海	未含税	208704.44	600	0
7	陈鹏	未含税	395039.35	350000	745039.35
8	刘学燕	未含税		45039	45039
9	黄曦京	未含税	869237.38	653226.12	1522463.5
10	王卫平	含税	9000		0
11	任水滨	未含税		215255	215255
12	张晓霞	含税	25993.69	25993	51986.69
13	杨宝春	未含税	6000	900	6900
14	许东东	订单含税	4559.38	1230	1230
15	王川	含税	28122.06		28122.06
16	连威	未含税	15000	800	15000
17	高琳	订单含税	16628.19		16628.19
18	沈克	含税	2399	7016	9415
19	艾芳	含税	6000		6000
20	王小明	含税	70000		70000

图14-14

这样，凡是表中格式为"文本"的单元格自动更改了颜色，起到了报警的效果和作用。

这个例子还可以把"条件格式"中的公式设置成"=NOT(ISNUMBER(C2))"，只要不是数值类型，一律会显示不同格式。

"条件格式"还可以配合"数据验证"功能一起使用。有关这方面的内容，请参见本书8.3节。

14.5 日期到期自动提醒

公司财务和HR部门人员有一个"条件格式"的应用需求，就是到期提醒。财务的账目日期临近、HR人员到职日临近，都希望能在表单中自动让单元格更改颜色，起到报警或提示的作用。

下面就以HR人员信息表为例，在"到职日"日期中，如果"到职日"距今不足30天，就让人名显示为"黄色"底纹，如果"到职日"距今大于或等于30天，但是又小于或等于60天，就让人名显示为"绿色"底纹，如图14-15所示。

	A	B	C	D	E
1	员工编号	员工姓名	所属部门	到职日	分机
2	8901	洪士哲	人事部	2017-3-15	501
3	8803	王义星	财管部	2017-8-30	588
4	8642	梅威威	行销部	2017-4-4	457
5	8933	沈兴言	企划部	2017-8-1	155
6	9110	徐永生	企划部	2017-4-13	188
7	8342	许惠然	美术设计	2017-3-9	380
8	8743	黄玟玉	行销部	2017-7-6	324
9	6880	季佩娟	国外部	2017-3-23	439
10	8533	陈慧君	人事部	2017-7-15	250
11	9107	萧美丽	计算机部	2017-8-25	166
12	8212	陈丁财	计算机部	2017-9-14	100
13	9045	林培干	财管部	2017-5-20	520
14	8620	黄佩佩	计算机部	2017-4-26	650
15	7861	王青青	产品部	2017-4-29	122
16	9103	沈敏元	人事部	2017-9-4	320
17	8912	翁美涔	美术设计	2017-3-24	167
18	8821	钱佩珊	产品部	2017-7-27	123
19	8915	戴美馨	产品部	2017-8-9	349

图14-15

由于是两个条件，所以要分别应用。

❶ 选中人名（谁变色选谁）所在的所有单元格，然后打开条件格式中的"新建格式规则"对话框，在公式栏中输入"=D2−TODAY()<30"函数，并设置"黄色"底纹格式，如图14-16所示。

图14-16

函数说明

公式"=D2-TODAY()<30"用第一个人员对应的"到职日"D2单元格减"TODAY()"函数（也就是今天），可以得到两个日期相差多少天，"<30"作为结果的判断。这样"到职日"距今不足30天的条件就设置完成了。

❷ 确定后，返回表，即可看到凡是"到职日"距今不足30天的"员工姓名"信息变成了"黄色"底纹，如图14-17所示。

	A	B	C	D	E
1	员工编号	员工姓名	所属部门	到职日	分机
2	8901	洪士哲	人事部	2017-3-15	501
3	8803	王义星	财管部	2017-8-30	588
4	8642	梅威威	行销部	2017-4-4	457
5	8933	沈兴言	企划部	2017-8-1	155
6	9110	徐永生	企划部	2017-4-13	188
7	8342	许惠然	美术设计	2017-3-9	380
8	8743	黄玫玉	行销部	2017-7-6	324
9	6880	季佩娟	国外部	2017-3-23	439
10	8533	陈慧君	人事部	2017-7-15	250
11	9107	萧美丽	计算机部	2017-8-25	166
12	8212	陈丁财	计算机部	2017-9-14	100
13	9045	林培干	财管部	2017-5-20	520
14	8620	黄佩佩	计算机部	2017-4-26	650
15	7861	王青青	产品部	2017-4-29	122
16	9103	沈敏元	人事部	2017-9-4	320
17	8912	翁美淳	美术设计	2017-3-24	167
18	8821	钱佩珊	产品部	2017-7-27	123
19	8915	戴美樱	产品部	2017-8-9	349

图14-17

❸ 再次打开条件格式中的"新建格式规则"对话框，在公式栏输入"=D2-TODAY()<=60"，并设置"绿色"底纹格式，如图14-18所示。

图14-18

❹ 确定后，返回表，此时表单还是只有黄色底纹的效果，刚刚设置的新条件格式还没有生效。

❺ 选中"条件格式"下拉列表最后的"管理规则"命令，打开"条件格式规则管

理器"对话框。可以看到先设置的条件在下边,后设置的条件在上边,在执行的时候会从上往下执行。所以为了先执行第一个设置的条件,要调换一下它们的次序,将第1个条件选中,然后单击对话框上方的"上移"按钮,将第1个条件移动到上面,如图14-19所示。

图14-19

操作提示

把次序调整过来,就可先执行"=D2-TODAY()<30"条件,当条件满足时设置为"黄色"底纹;当条件不满足时,也就是大于或等于30天,会执行第2个条件"=D2-TODAY()<=60";当第2个条件满足时,也就是大于或等于30天,同时小于或等于60天,则会设置为"绿色"底纹。

❻ 更改完成后,单击"确定"按钮返回表单,可以看到每个人员的"到职日"距今不足30天,人名显示为"黄色"底纹,"到职日"距今大于或等于30天,同时小于或等于60天的,人名显示为"绿色"底纹,如图14-20所示。

在这个例子中,对一个区域设置了多个条件,大家应该看到了在执行时候的特点。本例巧妙运用执行次序的更改,完成了区间条件的设定。

	A	B	C	D	E
1	员工编号	员工姓名	所属部门	到职日	分机
2	8901	洪士哲	人事部	2017-3-15	501
3	8803	王义星	财管部	2017-8-30	588
4	8642	梅威威	行销部	2017-4-4	457
5	8933	沈兴言	企划部	2017-8-1	155
6	9110	徐永生	企划部	2017-4-13	188
7	8342	许惠然	美术设计	2017-3-9	380
8	8743	黄玫玉	行销部	2017-7-6	324
9	6880	季佩娟	国外部	2017-3-23	439
10	8533	陈慧君	人事部	2017-7-15	250
11	9107	萧美丽	计算机部	2017-8-25	166
12	8212	陈丁财	计算机部	2017-9-14	100
13	9045	林培干	财管部	2017-5-20	520
14	8620	黄佩佩	计算机部	2017-4-26	650
15	7861	王青青	产品部	2017-4-29	122
16	9103	沈敏元	人事部	2017-9-4	320
17	8912	翁美淳	美术设计	2017-3-24	167
18	8821	钱佩珊	产品部	2017-7-27	123
19	8915	戴美婴	产品部	2017-8-9	349

图14-20

14.6 标记一组数据中的最大值或最小值

在一组海量数据中,如何快速知道"最大值"或"最小值"?有人首先想到排序,还有人会想到筛选。其实,无论排序还是筛选都有不方便的地方,排序会导致数据顺序变化,而且数据更新后,还需要不断地排序;筛选要设置条件就更麻烦了。

图14-21

其实，在一组海量数中快速找到"最大值"或"最小值"，最直接有效的方法是让最大值或最小值自动变色。

以自动标记"最大值"为例，来看操作方法：选中整列数据区，然后打开"条件格式"中的"新建规则"对话框，在公式栏中输入"=B2=MAX($B$2:$B$18)"，然后设置格式为"蓝色"底纹，如图14-21所示。

函数说明

公式"=B2=MAX($B$2:$B$18)"的逻辑关系很简单，就是看看数据区中的第1个值 B2 是否等于这个区的最大值 MAX($B$2:$B$18)。如果是最小值变色，就把公式中的函数换成 MIN 函数。

设置完成后，单击"确定"按钮返回表单，表中"最大值"数据会自动更改成指定的"蓝色"底纹效果，如图14-22所示。

	A	B
1	日期	销售额
2	2017-6-1	694
3	2017-6-2	128
4	2017-6-3	367
5	2017-6-4	183
6	2017-6-5	633
7	2017-6-6	745
8	2017-6-7	633
9	2017-6-8	300
10	2017-6-9	845
11	2017-6-10	366
12	2017-6-11	463
13	2017-6-12	684
14	2017-6-13	335
15	2017-6-14	80
16	2017-6-15	120
17	2017-6-16	400
18	2017-6-17	106

图14-22

14.7 自动标记日期中的工作日或休息日

在Excel中，可以利用函数计算一个日期是星期几，如果把这个函数用在"条件格式"中，就可以在一组日期中任意指定是星期几的日期会自动更改颜色。

图14-23

下面以最常见的将星期六、星期日的日期颜色自动更改为例，来看看操作。

选中要自动更改颜色的一组日期，然后打开"条件格式"中的"新建规则"对话框，选择公式条件，在公式栏中输入"=OR(WEEKDAY(A2)=1,WEEKDAY(A2)=7)"，并将格式设置成"橙色"底纹，如图14-23所示。

函数说明

"=OR(WEEKDAY(A2)=1,WEEKDAY(A2)=7)"应用了OR（或）函数，"或"的两个参数条件分别是 WEEKDAY(A2)=1（周日）和 WEEKDAY(A2)=7（周六）。这两个条件满足一个即可让OR（或）函数条件成立。

设置完成后，单击"确定"按钮返回表单，表中"星期六"和"星期日"的日期自动更改成指定的"橙色"底纹，效果如图14-24所示。

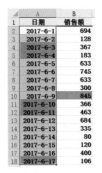

图14-24

有了这个思路后，想想是不是可以根据需要任意标记"工作日"或者"节假日"的颜色了。只要是能计算出的日期或者星期几，都可以应用于"条件格式"的设定。

14.8　自动制作隔行底纹

对于数据量较大的表单，可以人性化地为表单设置"隔行底纹"效果，这种"隔行底纹"又被俗称为"斑马纹"。大家平时是怎么设置的？千万别告诉我是先置一个，然后用格式刷去"刷"。若真用格式刷，万一表单很大，那可就惨了。

给表单做"隔行底纹"最好的办法当然是用"条件格式"功能，让Excel自动计算出隔行，然后把底纹添加好。

看个例子，在图14-25所示的是一个"通讯录"表单，为了阅读方便，要对其设置"隔行底纹"效果。

	A	B	C	D	E	F
1			通讯录表			
2	编号	单位名称	联系人	区号	电话	地址
3	001	麦肯·林顿广告公司	林海	010	65124925	北京建国门外大街22号103室
4	002	英格尔公司北京办事处	陈鹏	010	65050386	北京建国门外大街1号518室
5	003	北京智慧国际开发有限公司	刘学燕	010	63282266	北京安定门外大街68号码层
6	004	北京燕美商城有限公司	黄曦京	010	64651820	北京朝阳区亮马河桥路52号
7	005	国家轻工总会消费时报	王卫平	010	64632764	北京朝阳区牛王庙
8	006	北京公生明投资公司	任水索	010	64930201	北京朝阳区惠新西里军训办公楼
9	007	北京英阳广告公司	张晓鹭	010	64224488	朝阳区惠新东街15号
10	008	中国华安贸易有限公司	杨宝春	010	63015623	北京莱市口铁门胡同17号
11	009	特艺文化广告公司	许东东	010	83183766	北京宣武门西大街后河沿6号
12	010	恒成资讯产业发展有限公司	王川	010	68414455	北京车道沟1号索河大厦12层
13	011	祥锐电脑科技有限公司	连威	010	68414455	海淀区车道沟1号索河大厦12层
14	012	科坛声像公司	高琳	010	68354024	北京海淀区学院南路66号
15	013	中国青年报广告处	沈克	010	64033961	北京东直门内海天路102号
16	014	经济新闻报三编室	文芳	010	65125522	北京王府南大街277号
17	015	上海静明劳动保险公司	王小明	021	64133342	上海市延安路1536号
18	016	宁夏文化音像公司	胡海涛	0951	4331556	宁夏银川市文化路1号

图14-25

❶ 从标题下的第1行数据信息开始把整张表选中。

❷ 选择"开始"工具栏中"条件格式"下拉选项中的"新建规则"命令，在对话框中选择"使用公式确定要设置格式的单元格"，在公式栏中输入"=mod(row(),2)=0"，然后把下方的"格式"设置成"浅橙色"底纹，如图14-26所示。

图14-26

函数说明

公式"=mod(row(),2)=0"中，row() 函数是提取每个单元格的行号，用 mod(row(),2) 把行号除以 2 后计算余数，如果余数是 0，则说明是偶数行。

❸ 设置完成后，单击"确定"按钮返回表单，表中除标题外的所有偶数行均添加了"浅橙色"底纹效果，如图14-27所示。

	A	B	C	D	E	F
2	编号	单位名称	联系人	区号	电话	地址
3	001	麦肯.林顿广告公司	林海	010	65124925	北京建国门外大街22号103室
4	002	英格尔公司北京办事处	陈鹏	010	65050386	北京建国门外大街1号518室
5	003	北京智慧国际开发有限公司	刘学燕	010	63282266	北京安定门外大街68号码层
6	004	北京燕美商城有限公司	黄璐京	010	64651820	北京朝阳区亮马河桥路52号
7	005	国家轻工总会消费时报	王卫平	010	64632764	北京朝阳区牛王庙
8	006	北京公生明技贸公司	任水宾	010	64930201	北京朝阳区惠新西里军退办公楼
9	007	北京英闻广告公司	张晓宾	010	64224488	朝阳区惠新东街15号
10	008	中国华安贸易有限公司	杨宝春	010	63015623	北京菜市口铁门胡同17号
11	009	特艺文化用品有限公司	许东东	010	83183766	北京宣武门西大街后河沿6号
12	010	恒成资讯产业发展有限公司	王川	010	68414455	北京车道沟1号宾河大厦12层
13	011	祥锐电脑科技有限公司	连威	010	68414455	海淀区车道沟1号宾河大厦12层
14	012	科坛声像中心	高琳	010	68354024	北京海淀区学院南路66号
15	013	中国青年报广告处	沈克	010	64033961	北京东直门内海天路102号
16	014	经济新闻报三编室	艾芳	010	65125522	北京王府南大街277号
17	015	上海静明劳动保险公司	王小明	021	64133342	上海市延安路1536号
18	016	宁夏文化音像公司	胡海涛	0951	4331556	宁夏银川市文化路1号
19	017	深圳水处理技术有限公司	庄凤仪	0755	33326542	深圳深南中路统建大楼3栋18层
20	018	峰杰电脑数字风格技术公司	沈向峰	0755	33280669	深圳市深南中路电子大厦901室

图14-27

如果把"条件格式"中的公式更改成"=MOD(ROW(),3)=0"，那么就是用"行号"除以3，余数为0，也就是被3整除的行，这样就可以间隔两行添加底纹，如图14-28所示。

图14-28

这就是经典的斑马纹，永恒的隔行底纹的制作技巧。这样制作底纹的好处有很多，可在数据表中任意增减数据行，因为底纹是算出来的，所以可自动变化，无须更改。

14.9 功能拓展：间隔棋盘底纹的制作

学会制作隔行底纹后，再来看看设置"棋盘"底纹的方法。

 从标题下的第1行数据信息开始把整张表选中。

② 选择"条件格式"下拉选项中的"新建规则"命令，在对话框中选择"使用公式确定要设置格式的单元格"，在公式栏中输入"=mod(row()+column(),2)<>0"，然后把下方的"格式"设置成"浅蓝色"底纹，如图14-29所示。

图14-29

函数说明

公式"=mod(row()+column(),2)<>0"中用 mod(row()+column(),2) 提取每个单元格的行号和列号，把它们相加的和除以2计算余数。最后的条件是"<>0"不等于0。大家想想，在什么情况下符合这个规则呢？当然是"奇数行"加"偶数列"，或者"偶数行"加奇数列"，所以使得每隔一个单元格就符合这个条件，从而实现了棋盘效果。

❸ 设置完成后，单击"确定"按钮返回表单，表中出现了间隔一个单元格就添加"浅蓝色"底纹的"棋盘"效果，如图14-30所示。

	A	B	C	D	E	F	G
1				资产负债表			
2		2012年	2013年	2014年	2015年	2016年	2017年
3	现金	120000	450000	54000	885000	32000	6634000
4	银行存款	23000	780000	65000	555000	21000	85000
5	预付费用	54000	550000	7100	200000	67890	78000
6	应收票据	800000	3400	20000	45000	200000	90000
7	备抵呆帐	150000	650000	2000	18000	60000	140000
8	应收帐款	600000	65000	56000	65000	230000	32000
9	备抵呆帐	35000	565000	5000	51000	70000	160000
10	存货	450000	460000	450000	230000	67890	460000
11	办公设备	1200000	800000	1200000	450000	67890	32000
12	累计折旧	68000	1132000	76000	1124000	72000	555000
13	运输设备	800000	23000	800000	23000	800000	35000
14	累计折旧	23000	777000	46000	754000	92000	708000

图14-30

第15章
数据图表分析

记得有个学员在课后问笔者：老师，在Excel中做图表难吗？答：生成图表不难，但做图表分析难。

说生成图表不难，是因为选中数据后按键盘上的F11键即可生成柱形图，就算不用快捷键，用"插入"工具栏中的"图表"命令，也可以快速插入各种图表。

说分析图表难，是因为要达到分析的目的不是简单地生成图表就完事，是要做很多前期准备或者后续调整的。说分析图表难还有一个原因是图表还可以和函数、筛选、窗体控件、VBA等众多Excel功能配合，做出很多高难度的图表，甚至是动态图表效果。

生成图表的要素非常简单，就是数据源和图表类型。对数据源而言，学问很大，有些图表需要字段表数据源，有些图表需要二维表数据源。对图表类型而言，又包括迷你图表、常规图表类型和模拟图表等。

图表制作技巧和经验非常多，足够单独写一本300页以上的专题书。本书不是追求高大全，而是以解决问题和实用为目标，所以会选取一些有代表性的图表分析问题来讲解。

15.1 制作迷你图表分析

图表就是用图形化的效果直观地表达数据关系。其实，有时都不需要生成真正的图表，利用Excel自带的很多功能都能实现图形化表达数据。

其中，"条件格式"中的"数据条"功能，就可以在单元格中把数据条显示在数据旁，让观众一目了然地获知数据关系，如图15-1所示。

图15-1

除"条件格式"外，Excel还特地准备了一种"迷你图表"，专门分析和表达数据量不大的简单数据关系。

看个案例，如图15-2所示的是一个"资产负债表"的资产信息。

现在要分析每一个项目不同年份的数据差异，由于数据量和数值都较大，所以从数值上直接观看显然是不方便的，如果用Excel自带的"迷你图"配合，则可以非常直观地看到结果。

图15-2

❶ 选中首行"现金"信息，然后单击"插入"工具栏中"迷你图"下的"柱形图"按钮，如图15-3所示。

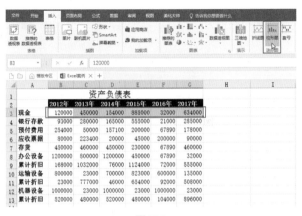

图15-3

❷ 打开"创建迷你图"对话框,在"数据范围"中自动显示刚才选择的第一行数据,只需在"位置范围"栏中用鼠标单击第1行数据后的空单元格,它的地址便会显示在其中,如图15-4所示。

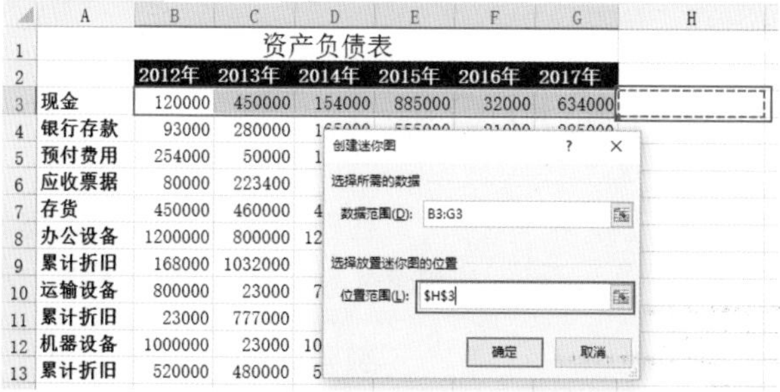

图15-4

❸ 单击"确定"按钮后,在指定的单元格中便会出现反映当前第1行数据关系的迷你"柱形图"效果,如图15-5所示。

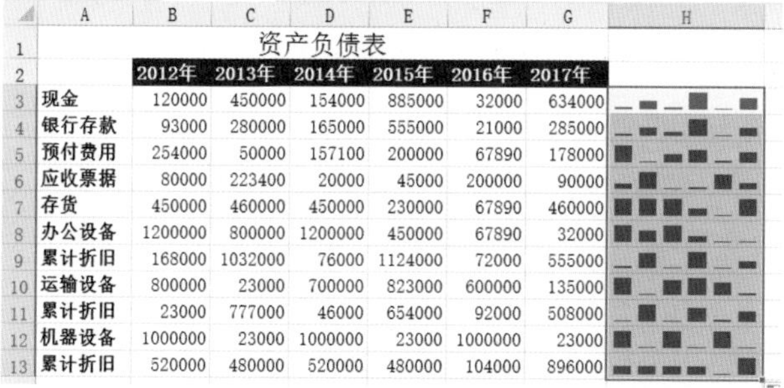

图15-5

如果选择"迷你图"是"折线图",便会以折线图的方式显示第1行数据的变化趋势情况,如图15-6所示。

对折线图而言,可以利用上方"迷你图工具-设计"工具栏的"高点"等选项,为折线图进行一些后续编辑,这样既可以让图表效果变得更加专业,也可以在

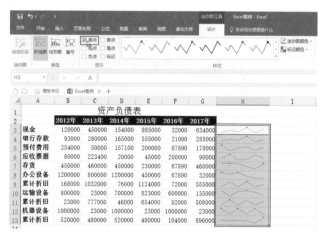

图15-6

观看时了解更多的信息，便于数据分析。

作为"迷你图"，Excel仅提供了三种简单的图表效果，要想真正实现复杂的数据分析，应生成真正的"图表"，并运用图表的功能和特点达到深入分析的目的。

15.2 用矩形制作模拟图表

图15-7

在Excel中，当分析数据量不大且关系较为简单的数据时，还可以借助"模拟图表"。

顾名思义，"模拟图表"不是真正的图表，而是借助"图形"或"文字"配合表达数据大小，起到直观形象的作用。如图15-7所示的例子就是一个"模拟图表"的效果。

在这个例子中，应用了很多"■"符号来表达数据大小。这些"■"符号其实是将英文字母设置成Wingdings字体实现的符号效果。

在 Excel 或者 Word 软件中，有 几 个 实 用 的 符 号 字 体（Wingdings、Wingdings2、Wingdings3 和 Webdings），一旦应用了这些字体，所输入的数字、大小写英文字母便可转换成一些特定符号。这些符号和文字是固定的对应关系，有些常用和实用的符号需要大家死记，其实，用多了也就记住了。

下面罗列一些常用的字母和对应的字体符号，便于大家使用和记忆，如图15-8所示。

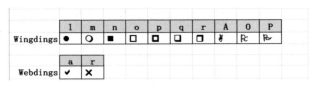

图15-8

从图15-8中可以看出，"■"符号是英文小写字母"n"使用Wingdings字体后自动变换出来的。如果"模拟图表"中不希望使用"■"符号，也可以更改成"•"或者"□"效果，只需将"n"替换成英文字母"l"或者"o"即可。

了解了"模拟图表"的图形后，就可以来看操作了。这是一个不同年份的"市场份额"占比表，如图15-9所示。现在需要对比分析"市场份额"数据。

❶ 把鼠标光标定位在第一个数据后面的单元格中，然后输入公式"=REPT("n",B2*30)"，确定后，可以看到字母"n"根据数值的多少进行多次重复，如图15-10所示。

图15-9　　　　　　　　　　　图15-10

✎ **函数说明**

　　"=REPT（"n"，B2*30)"是一个重复函数，重复的字符是"n"，重复的次数是B2单元格的数值乘以30。这里用份额和"30"相乘，只是为了得到足够数量的字母"n"。至于说这里是乘以多少，还是除以多少，要看数据本身来定，宗旨就是重复的字母数量能够表达出数据大小，通常不要让重复的字母数量过少（小于2个）或者过多（大于30个）。）

---

❷ 将结果选中，利用"开始"工具栏中的"字体"下拉列表，将其更改成Wingdings字体，结果中的"n"会立刻变成"■"效果，如图15-11所示。

❸ 将结果向下填充，便可得到每个数据对应的"■"数量，从而实现模拟图表的效果，如图15-12所示。

图15-11

图15-12

> **操作提示**
>
> 有了这种思路后，在对很多数据量不大的数据进行分析时，均可采用这种"模拟图表"的方式配合。
>
> 如图15-13所示，就是使用重复"■"来表达"低于预算"和"高于预算"的结果。在模拟图左侧是"低于预算"的模拟，使用公式"=IF(D2<0,REPT("n",-ROUND(D2*100,0)),"")"可自动完成"■"数量的添加。在模拟图右侧是"高于预算"的模拟，使用公式"=IF(D2>0,REPT("n",ROUND(D2*100,0)),"")"可自动完成"■"数量的添加。

	A	B	C	D	E	F	G	H	I
1		预算值	销售额	差异百分比	低于预算			高于预算	
2	1月	800	923	15.4%			1月	■■■■■■■■■■■■■■■	
3	2月	800	950	18.8%			2月	■■■■■■■■■■■■■■■■■■	
4	3月	800	700	-12.5%	■■■■■■■■■■■■		3月		
5	4月	900	820	-8.9%	■■■■■■■■■		4月		
6	5月	900	1020	13.3%			5月	■■■■■■■■■■■■■	
7	6月	1000	950	-5.0%	■■■■■		6月		
8	7月	1000	900	-10.0%	■■■■■■■■■■		7月		
9	8月	1000	1100	10.0%			8月	■■■■■■■■■■	
10	9月	1000	1150	15.0%			9月	■■■■■■■■■■■■■■■	
11	10月	1000	960	-4.0%	■■■■		10月		
12	11月	850	980	15.3%			11月	■■■■■■■■■■■■■■■	
13	12月	850	1000	17.6%			12月	■■■■■■■■■■■■■■■■■	

图15-13

15.3 用瀑布图效果表达增幅

为了直观地观察数据，Excel提供了许多图表类型，绝大多数图表都是将数据选中后直接生成。通常，图表生成后都需要进一步对其进行编辑和设置，才能达到真正的分析效果。

更重要的是，很多图表效果需要在生成图表前对数据源进行前期改造，然后用改造好的数据生成图表。改造数据源是需要很多经验的，本章介绍的很多案例都需要在生成图表前改造数据源，以达到数据分析的目的。本节先来看看改造数据源做出"增幅"对比图表分析。

在如图15-14所示的案例中，是每年的"培训预算"金额，现在要分析的不是每年的预算金额对比，而是以"2010年"为基准，对后续年份做"环比增幅"分析。当没有经验时，只是用数据直接生成"柱形图"图表并不能达到分析目的。

图15-14

以"2010年"为基准，对后续年份做"环比增幅"分析后，最终应该将图表制作成如图15-15所示的效果。

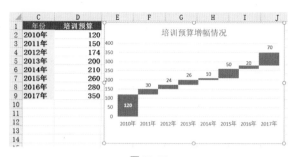

图15-15

在图表中可以看到"2010年"的数据是"120"，后续年份的"环比增幅"像瀑布图效果出现在每一年对应的上方。下面来看看操作。

❶　首先在数据源第1行的后面一列输入和前面一样的数据"120"，然后在下面第2个格中输入公式"=D3-D2"，得到2011年和2010年相比的增幅数据，如图15-16所示。

图15-16

❷　把结果向下复制填充，算出每年和上一年相比的增幅数据。然后把光标放在第1个结果的后一列，写入公式"=D2-E2"，得到结果后向下复制填充，这个公式相当于用当年的"培训预算"减去"增幅"，得到上一年的"培训运算"，如图15-17所示。

年份	培训预算		
2010年	120	120	0
2011年	150	30	120
2012年	174	24	150
2013年	200	26	174
2014年	210	10	200
2015年	260	50	210
2016年	280	20	260
2017年	350	70	280

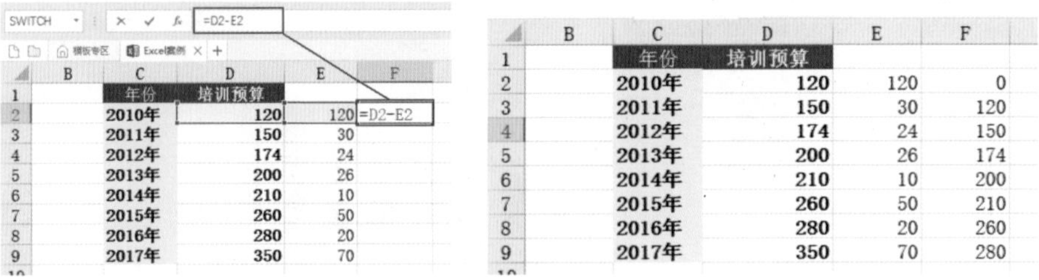

图15-17

操作提示

在基础数据表的后面增加了两个辅助列信息，一列是“环比增幅”，另一列是上一年的“预算”数值。做出这两列的目的是为了应用“堆积图表”将两列数据相加，得到当年的“培训预算”数值。

❸ 用Ctrl键配合，选中“年份”标题和两个辅助列信息，然后选择“插入”工具栏中“柱形图”下的“堆积柱形图”，如图15-18所示。

❹ 可立刻生成堆积柱形图图表，在图表中可以看到“系列1”就是增幅信息，在图表下方，“系列2”是上一年度预算值信息在图表上方，如图15-19所示。

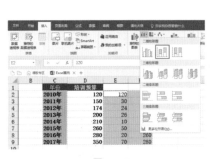

图15-18

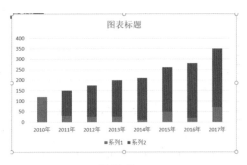

图15-19

❺ 选择“图表工具–设计”工具栏中的“选择数据”按钮，打开“选择数据源”对话框，选中“系列1”，然后单击“图例项（系列）”右侧的“下移”按钮，将系列1的位置和系列2对调，让“系列1”在图表上方，如图15-20所示。

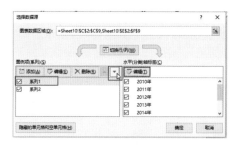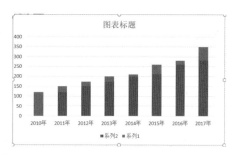

图15-20

⑥ 下面就该对下方的"系列2"设置透明了。选中图表中的"系列2"，然后用鼠标右键单击"设置数据系列格式"打开窗口右侧的窗格，将"填充"选项设置为"无填充"，将"边框"选项设置成"无线条"，如图15-21所示。

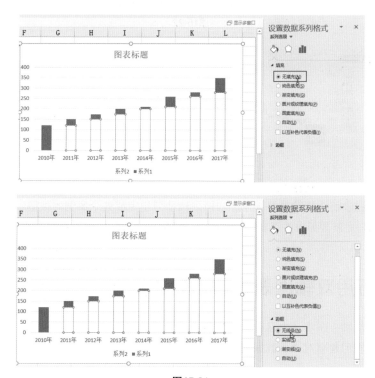

图15-21

 用堆积图将上一年度的预算和增幅数据相加，得到本年度的预算，再将上一年度的预算信息设置成"无填充"和"无线条"的透明效果，这样在看图表时，就只能看到增幅的变化。

❼ 在"设置数据系列格式"的"系列"选项中，把"分类间距"的数值设置为
"0"，这样就可以让每个柱形图零距离接触，实现相邻的效果，如图15-22所示。

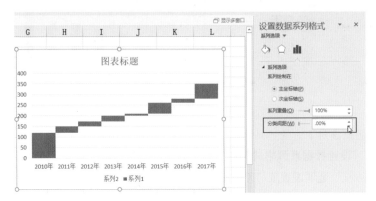

图15-22

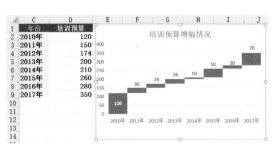

图15-23

❽ 利用鼠标右键为系列添加
"数据标签"，把数值标记在柱形
图上方，然后把"图例"用Delete
键删除，再单击"图表标题"，把
图表标题更改成有实际意义的文
字。最终效果如图15-23所示。

有没有发现：难的不是做图
表，而是做图表前调整数据源，添加的两列辅助列是完成这个案例的关键。既然要分析
"环比增幅"，就要想办法得到增幅的数据，辅助列的数据便应运而生。

15.4　巧用双轴图表来前后对比数据

提到"双轴"图表，大家首先会想到"柱形图"和"折线图"的配合，同时应该知
道这么做的原因是要对比的数据相差很大，不在一个数量级，如图15-24所示的例子就
是这种情况。

	销售目标	实际销售额	完成率
1月	250000	223323	89%
2月	275000	323233	118%
3月	300000	290332	97%
4月	325000	338928	104%
5月	350000	389345	111%
6月	375000	372091	99%

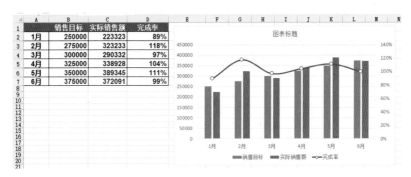

图15-24

除用双轴图表解决不在一个数量级的问题外，还能利用双轴图表的特点做出让数据系列前后对比的效果。

让图表系列呈前后排列，一般都是分量和总量比，实际销售额和预算比，借助前后对比更能突出整体性和分总之间的关系。在图15-25中，就是利用“双轴图表”制作的查看1季度产品生产量占全年计划的百分比份额效果。

产品	1季度完成率
aa	23%
bb	45%
cc	32%

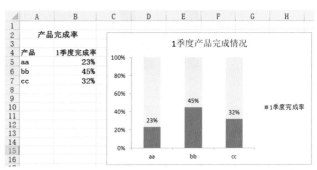

图15-25

完成这个例子的图表效果有两种做法：一种是用完成率和未完成率两个数据生成“堆积柱形图”来制作；另一种就是用双轴图表来完成。建议大家分别操作一遍，通过反复演练来熟悉图表的操作。

产品	1季度完成率	
aa	23%	1
bb	45%	1
cc	32%	1

图15-26

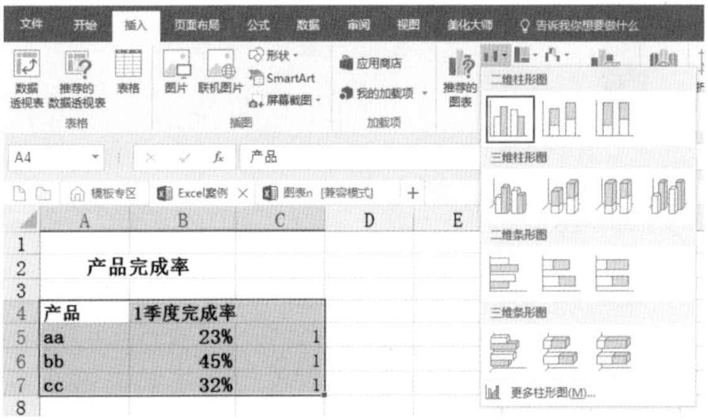

在此，用“双轴图表”的方法制作完成图表效果，操作如下。

❶ 在数据后面添加一个辅助列，填写数字“1”，填充完整。然后选中所有的数据，选择“插入”→“图表”中的“柱形图”图表，如图15-26所示。

操作提示

在每个数据后面添加"1"辅助信息，是因为本例信息是百分比完成率数值，由于总量是100%，也就是1，所以在后面写"1"表示总量。

❷ 生成"柱形图"图表后，对"系列1"（也就是"1季度完成率"）图表系列单击鼠标右键，在弹出的快捷菜单中选择"设置数据系列格式"命令，在窗口右侧打开窗格，可以看到当前的默认选项是系列绘制在"主坐标轴"，如图15-27所示。

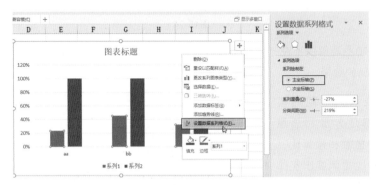

图15-27

❸ 将其更改成下方的"次坐标轴"，可以看到图表中"系列1"立刻排到了"系列2"的前面，两个系列出现前后对比效果，同时在图表右侧出现"次坐标轴"，如图15-28所示。

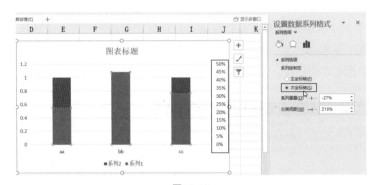

图15-28

❹ "次坐标轴"是没有用的，所以选中后用Delete键将其删除。再对"系列1"单击鼠标右键，为其添加"数据标签"。然后选择"图例"中的"系列2"，按Delete键删除。再用鼠标右键单击"系列2"，在"设置数据系列格式"中，将"填充"色更改成"浅蓝色"效果，这一系列操作完成后的效果如图15-29所示。

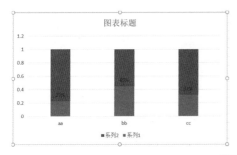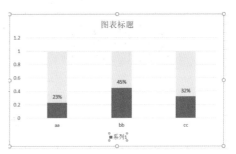

图15-29

❺ 选择"图表工具–设计"→"选择数据",打开"选择数据源"对话框,选中"系列1",然后单击"编辑",打开"编辑数据系列"对话框。在系列名称中,选择B4单元格,也就是添加系列的标题(如果没有现成的单元格内容,也可以在此用键盘直接键入文字),如图15–30所示。

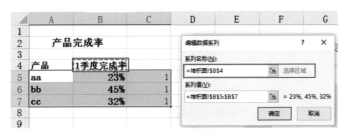

图15-30

❻ 单击"确定"按钮返回图表,图表中的图例出现了有实际意义的文字,再用鼠标单击"图表标题",完善图表标题。最终完成的效果如图15–31所示。

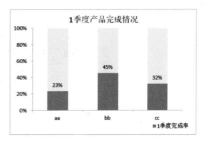

图15-31

操作提示

再来看个前后对比的效果,在图 15–32 中,前面蓝色柱形图是"sale"数据,后面的虚框是"goal"数据。利用本节前面介绍的方法,是不是应该想到只需将"sale"数据做成"次坐标轴"系列,这样它就可以在前面出现,再将"goal"数据系列的格式做成"虚框"效果即可。赶快自己动手试试吧。

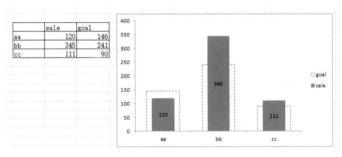

图15-32

15.5 制作簇状堆积柱图效果

在Excel的"柱形图"中，最常用的就是"簇状柱形图"和"堆积柱形图"，在做"柱形图"图表时，只能在这两种图表类型中选择其一，不可同时应用这两种类型在一个图表中。

在分析实际问题时，是有同时应用这两种柱形图图表的需求的。如图15-33所示的例子中，有3个产品，每个产品有3个数据，分别是"计划"、"当前"和"差异"。做完的图表按产品分类，每个分类有两个系列，一个是"计划"，另一个则是"当前"数值和"差异"数值的堆积，因为"差异"是没有完成的数据，所以做成了虚框效果。

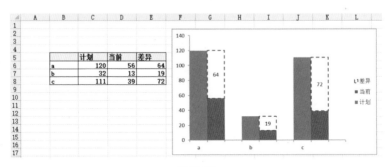

图15-33

乍一看，这就是簇状柱形图，然后把其中一个系列做成"堆积柱图"的效果。可是在Excel中是不可以将这两种类型用在一个图表中的。所以为了实现这个效果，需要将"数据源"信息进行前期改造，然后直接利用"堆积柱形图"完成，操作如下。

❶ 将数据源信息进行调整，调整的原则是在3个产品中间加一行空行。然后加入一行，把独立的数据系列单独安排在一行，把"堆积"在一起的两个数据安排在另一行存放，让它们错开位置，做好的效果如图15-34所示。

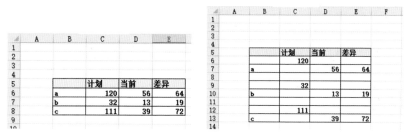

图15-34

❷ 数据源调整完成后，不要选择任何数据，单击选中任意一个外部空单元格，然后选择"插入"→"柱形图"中的"堆积柱图"，在数据旁会出现一个空图表效果，如图15-35所示。

图15-35

❸ 选择"图表工具–设计"→"选择数据"，打开"选择数据源"对话框，单击"添加"按钮，打开"编辑数据系列"对话框。在系列名称中选择C5单元格，也就是添加系列的标题，再在下方"系列值"框中选择数据表中所有"计划"数据的区域，如图15-36所示。

图15-36

❹ 用同样的方法，"添加"后面的"当前"系列和"差异"系列。注意每个系列值在添加时都是将整列数据区选中。"系列"添加完成后，单击右侧"水平分类轴标签"下方的"编辑"按钮，如图15-37所示。

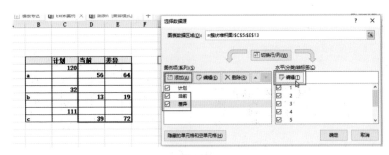

图15-37

操作提示

把数据源中的3个系列做成错行存放效果，就是为了在生成"堆积柱图"时，让第1个系列后面是空的，没有和它堆积的数据，所以自己是一个柱图；而第2个系列和第3个系列存放在一行，在生成"堆积柱图"时，便可将它们两个堆积在一起。

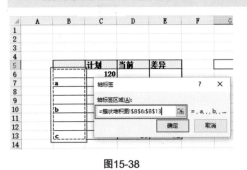

图15-38

❺ 打开"轴标签"对话框，在"轴标签区域"中选择数据表第1列3个产品标题所在的数据区，如图15-38所示。

❻ 单击"确定"按钮返回图表。此时，便可根据刚才添加的"系列"和"分类轴标签"的设置生成图表，如图15-39所示。

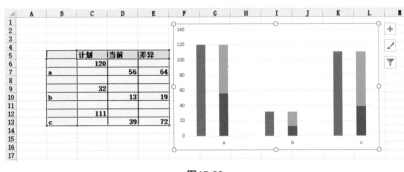

图15-39

❼ 有了图表的大致模样后，下面就是美化和细微调整列了。对任意系列单击鼠标右键，在弹出的菜单中选择"设置数据系列格式"命令，将"分类间距"设置为0，这样系列就会靠在一起，如图15-40所示。

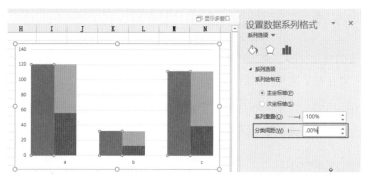

图15-40

❽ 选中"差异"系列，把它做成"无填充"、"红色"虚框的效果，并用右键快捷命令为其添加"数据标签"，最后删除图表的网格线，如图15-41所示。

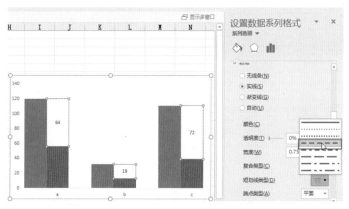

图15-41

经过一系列的设置后，完成最终的"簇状堆积"图表效果，如图15-42所示。

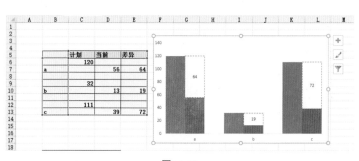

图15-42

15.6 制作横排背景区间的图表

给图表添加背景有时是为了让图表更精美，有时是为了让背景成为清晰的区间，方便观看数据散落在某个区间，使数据分析变得一目了然。

在如图15-43所示的案例中，设置了3种颜色的背景区域，每天的出库量数据可以在这种背景下清晰地看到属于哪个区间，起到提示或报警的功能。

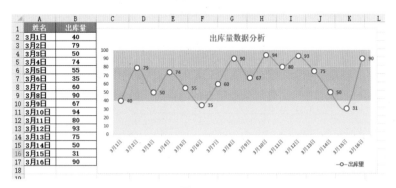

图15-43

这种横向背景区间实际上是利用"堆积柱图"来制作的。有几个区间就做几个堆积柱图，然后把间距设置为"0"，这样就成了一个连续背景。

下面来看看操作。

❶ 在原始数据表的右侧添加3个辅助列，然后根据区间范围添加数据。本例是3个区间，分别是40以下、40~80、80以上，所以在后面3列中添加40、40、20，如图15-44所示。

	A	B	C
1	姓名	出库量	
2	3月1日	40	
3	3月2日	79	
4	3月3日	50	
5	3月4日	74	
6	3月5日	55	
7	3月6日	35	
8	3月7日	60	
9	3月8日	90	
10	3月9日	67	
11	3月10日	94	
12	3月11日	80	
13	3月12日	93	
14	3月13日	75	
15	3月14日	50	
16	3月15日	31	
17	3月16日	90	

	A	B	C	D	E	F
1	姓名	出库量				
2	3月1日	40	40	40	20	
3	3月2日	79	40	40	20	
4	3月3日	50	40	40	20	
5	3月4日	74	40	40	20	
6	3月5日	55	40	40	20	
7	3月6日	35	40	40	20	
8	3月7日	60	40	40	20	
9	3月8日	90	40	40	20	
10	3月9日	67	40	40	20	
11	3月10日	94	40	40	20	
12	3月11日	80	40	40	20	
13	3月12日	93	40	40	20	
14	3月13日	75	40	40	20	
15	3月14日	50	40	40	20	
16	3月15日	31	40	40	20	
17	3月16日	90	40	40	20	

图15-44

> **操作提示**
>
> 做成3个辅助列，分别是40、40和20，因为要将其设置成堆积柱图，所以40是一个区间，40+40（40～80）是一个区间，40+40+20（80～100）是一个区间。宗旨是这3个辅助列中的数据相加的总和要大于图表数据的值。这样才能形成完整的背景，同时3个辅助列又是区间的划分界限。

❷ 辅助列做好后，选中所有的数据，然后选择"插入"→"柱形图"中的"堆积柱图"，如图15-45所示。

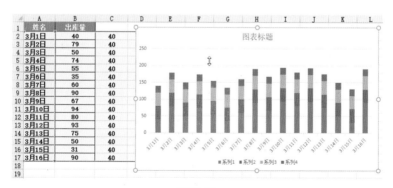

图15-45

❸ 生成的图表是将4个数据都进行列堆积，系列1是"出库量"数据，系列2、系列3和系列4是3个辅助列数据，如图15-46所示。

图15-46

❹ 选择"图表工具-设计"工具栏中的"更改图表类型"命令，打开"更改图表类

型"对话框，把下方当前"系列1"应用的"堆积柱形图"更改成"带数据标记的折线图"类型，如图15-47所示。

❺ 单击"确定"按钮返回图表，"系列1"数据更改成列带数据标记的折线图，而系列2、系列3和系列4还是堆积图，大模样已经有了。下面来做细节调整，用鼠标右键单击堆积图系列，在弹出的快捷键菜单中选择"设置数据系列格式"命令，在右侧的窗格中，"分类间距"选项是默认的150%，将其更改成"0%"，如图15-48所示。

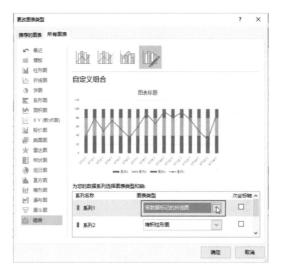

图15-47　　　　　　　　　　图15-48

❻ 分类间距调整为"0"后，堆积图就连在一起形成了连续背景效果。选中图表最左侧的"坐标轴"刻度，在右侧窗格"坐标轴选项"中可以看到默认的"最大值"是"120"，如图15-49所示，将其调整为"100"。

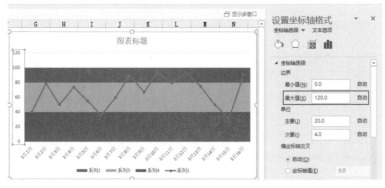

图15-49

❼ 调整折线图的效果，选中"系列1"在"设置数据系列格式"窗格，将"标记"

设置为"内置"圆形、"9"号大小；把"填充"设置为"纯色"中的"白色"；把"线条宽度"设置为"1.75磅"，并在下方勾选"平滑线"选项，如图15-50所示。

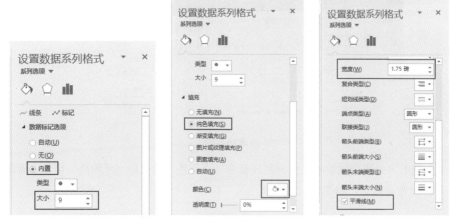

图15-50

⑧ 再把线条颜色设置为"绿色"，并把标记的线条颜色设置为"红色"，设置完成后的效果如图15-51所示。

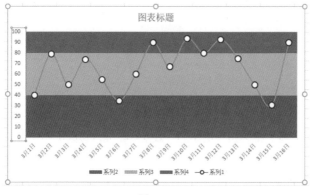

图15-51

⑨ 再更改3个堆积系列的颜色，选中最下方的系列，在"设置数据系列格式"窗格中将"填充"颜色设置为"黄色"，然后将"边框"设置为"无线条"，如图15-52所示。

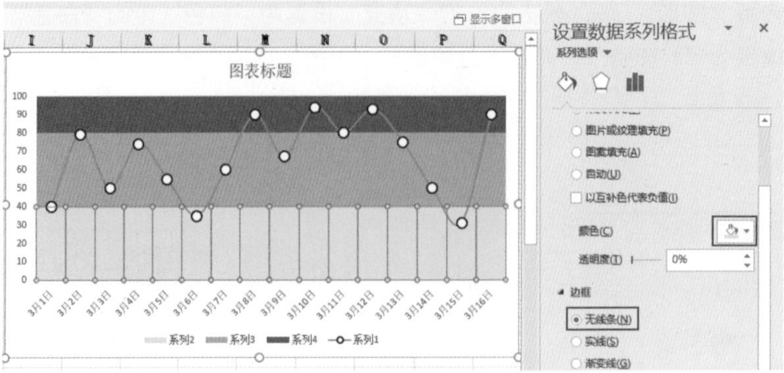

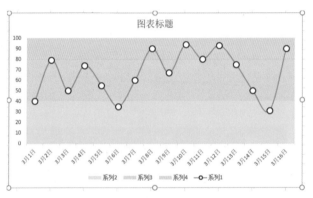

图15-52

⑩ 把上方的两个堆积图系列分别设置为"浅蓝色"填充和"浅粉色"填充，背景区
间效果就设置完成了，如图15-53所示。

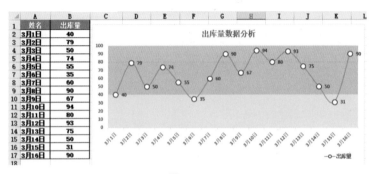

图15-53

⑪ 最后利用鼠标右键为折线图添加"数据标签"，将数值显示在标记点上方，再分
别选中图例中的"系列2"、"系列3"和"系列4"，按Delete键将其删除。单击图表标
题，将其更改为有意义的名字，完成所有的设置后，最终的效果如图15-54所示。

图15-54

这个例子是一个操作步骤较多的综合案例，涉及辅助列的添加图表类型的更改、坐标轴的调整、折线图的美化、堆积图的美化、数据标签的添加、图例的调整等一系列设置。建议大家反复练习，找到操作规律，这样就可以把一类问题从容化解。

15.7 制作大小复合饼图

在分析图表时，选择什么样的图表类型是需要经验的，总的来说，柱图看整体，折线图看趋势，饼图看份额。

利用饼图图表看份额比例时，饼的数量一般不宜过多，而且数据差异不宜过大，否则效果一定不会好。看个例子，在图15-55所示的案例中，是一个商场电器部9种电器全年的销售数据。现在要分析每个电器全年销售总额的份额比例关系。

	A	B	C	D	E	F	G	H	I	J
1					泰丰商场电器部全年销售情况表					
2	月份	冰箱	电熨斗	彩电	电饭煲	空调	洗碗机	洗衣机	VCD机	微波炉
3	Jan-16	¥123,000.00	¥8,800.00	¥112,000.00	¥9,000.00	¥101,000.00	¥13,000.00	¥85,000.00	¥42,000.00	¥32,000.00
4	Feb-16	¥124,000.00	¥9,000.00	¥121,000.00	¥9,500.00	¥112,000.00	¥14,000.00	¥87,000.00	¥46,000.00	¥33,000.00
5	Mar-16	¥121,000.00	¥8,700.00	¥113,000.00	¥8,500.00	¥110,000.00	¥14,000.00	¥47,000.00	¥47,000.00	¥35,000.00
6	Apr-16	¥125,000.00	¥8,000.00	¥111,000.00	¥8,200.00	¥102,000.00	¥12,000.00	¥85,000.00	¥44,000.00	¥32,000.00
7	May-16	¥120,000.00	¥7,900.00	¥110,000.00	¥7,800.00	¥100,000.00	¥11,000.00	¥45,000.00	¥45,000.00	¥31,000.00
8	Jun-16	¥130,000.00	¥8,100.00	¥111,000.00	¥8,000.00	¥103,000.00	¥12,000.00	¥84,000.00	¥44,000.00	¥32,000.00
9	Jul-16	¥132,000.00	¥7,600.00	¥109,000.00	¥8,100.00	¥107,000.00	¥13,000.00	¥84,000.00	¥46,000.00	¥32,000.00
10	Aug-16	¥131,000.00	¥7,800.00	¥105,000.00	¥7,900.00	¥115,000.00	¥11,000.00	¥85,000.00	¥48,000.00	¥28,000.00
11	Sep-16	¥125,000.00	¥7,900.00	¥103,000.00	¥8,000.00	¥105,000.00	¥10,000.00	¥81,000.00	¥41,000.00	¥30,000.00
12	Oct-16	¥123,000.00	¥7,500.00	¥105,000.00	¥8,300.00	¥103,000.00	¥14,000.00	¥81,000.00	¥42,000.00	¥32,000.00
13	Nov-16	¥115,000.00	¥7,800.00	¥102,000.00	¥8,100.00	¥101,000.00	¥11,000.00	¥84,000.00	¥40,000.00	¥31,000.00
14	Dec-16	¥110,000.00	¥8,100.00	¥100,000.00	¥7,900.00	¥102,000.00	¥9,000.00	¥82,000.00	¥38,000.00	¥33,000.00
15	汇总	¥1,479,000.00	¥97,200.00	¥1,302,000.00	¥99,300.00	¥1,261,000.00	¥144,000.00	¥1,010,000.00	¥523,000.00	¥379,000.00

图15-55

如果要用传统的方法做"饼图"图表，将每个产品的汇总数据生成饼图，效果如图15-56所示。

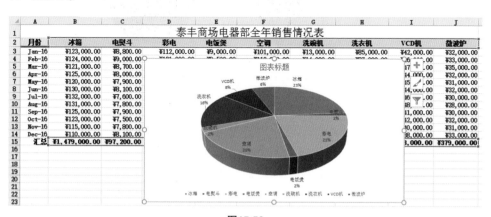

图15-56

这个图表有两个问题：一是饼的块数较多；二是大小差异过大，小的饼数据看不清，不利于查看和分析。

解决这个问题最好的办法是制作"复合饼图"，把小的数据合并在一起做成小的"复合饼"，这样才能便于查看和分析，操作如下。

❶ 按Ctrl键配合选中标题和每个产品"汇总"数据，然后选择"插入"→"饼图图表"→"复合饼图"，生成默认的"复合饼图"图表，如图15-57所示。

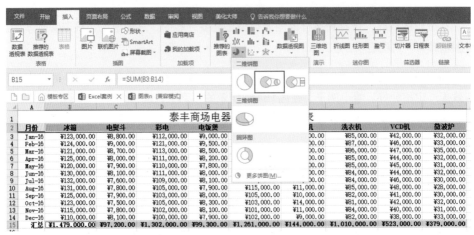

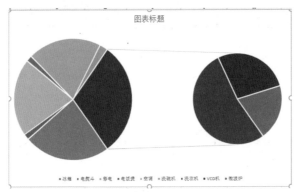

图15-57

❷ 用鼠标右键单击小饼，在弹出的快捷菜单中选择"设置数据系列格式"命令打开右侧窗格。当前的"系列分隔依据"是"位置"，同时"第二绘图区中的值"是"3"，所以小饼的生成是以数据表中的位置来安排的，而且默认将最后3个生成在小饼中，如图15-58所示。

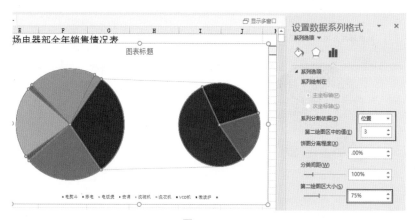

图15-58

❸ 将"系列分隔依据"更改成"百分比值",同时把"值小于"的选项改成"5%",再把下方"第二绘图区大小"的值改成"55%",如图15-59所示。

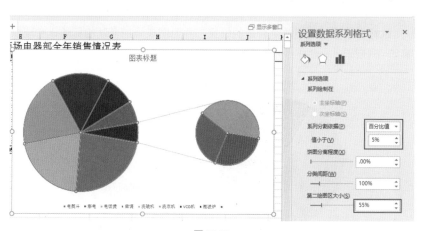

图15-59

操作提示

通过这个更改,会自动将数据份额在5%以下的信息制作在"复合小饼"中,而与数据的位置无关。

❹ 用鼠标右键单击任意饼图,在弹出的快捷菜单中选择"添加数据标签"命令,会将数值添加在每个饼中,然后对添加的数值标签单击鼠标右键,在弹出的快捷菜单中选择"设置数据标签格式"命令,在右侧窗格中勾选"百分比"和"类别名称",取消勾选"值"的选项,如图15-60所示。

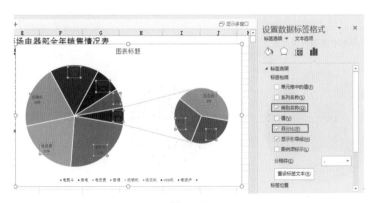

图15-60

> **操作提示**
>
> 对饼图而言，往往是查看其份额比例，所以数据标签通常是显示"百分比"信息，而数值的大小显示在饼图中，并不是当前要看的效果。

❺ 用鼠标将数据标签拖放至合适的位置，并为图表添加合理的标题，完成操作后的结果如图15-61所示。

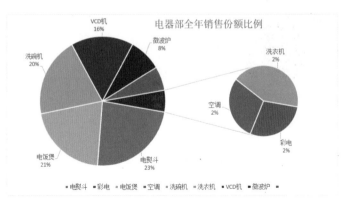

图15-61

15.8 制作安全通道图表

在15.6节介绍了制作背景区间的图表效果。背景区间起到了提示预警的作用，当预警区间固定时，可用前面介绍的方法，如果预警区间不固定，用前面介绍的方法来做预警区间就不方便了。

本节向大家介绍一种预警区间不固定的"安全通道"图表效果的制作方法。所谓

"安全通道"，就是有一个上下限的阈值，通过图表来查看数据信息在上下限中的情况，利用"通道"效果，很容易查看哪些数据在安全区外，如图15-62所示。

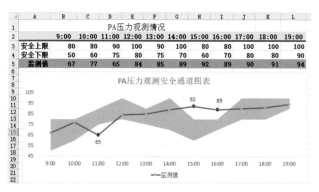

图15-62

在这个例子中，绿色通道的范围是"安全上限"数值和"安全下限"数值之间的区间，中间的折线图是"监测值"数据，从图中可以很容易地看到哪些信息在"安全区"外，起到提示预警的作用。

操作方法如下。

❶ 连带标题选中所有的数据，选择"插入"工具栏中的"插入图表"命令，打开"插入图表"对话框，选择第1种"面积图"图表类型，如图15-63所示。

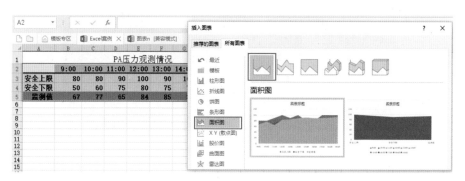

图15-63

❷ "确定"后，即可在Excel中生成"面积图"图表，然后选择"图表工具–设计"工具栏中的"更改图表类型"命令，打开"更改图表类型"，选择"检测值"系列，将其"图表类型"从"面积图"更改成"带数据标记的折线图"，如图15-64所示。

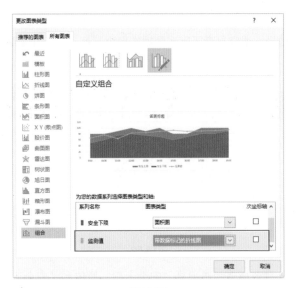

图15-64

❸ 单击"确定"按钮，在图表中可看到"安全上限"和"安全下限"的面积图利用数据差，形成了一条蓝色的通道效果，如图15-65所示。

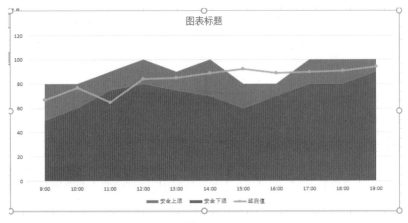

图15-65

❹ 下面来设置图表细节，选中下方的"安全下限"面积图并单击鼠标右键，在鼠标右键快捷菜单中选择"设置数据系列格式"命令，在右侧"窗格"中，将"填充"选项设置为"纯色填充"，再在下方将颜色选择成"白色"，如图15-66所示。

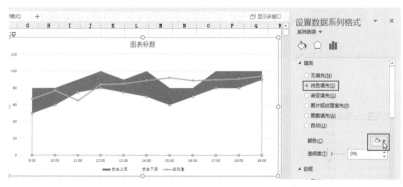

图15-66

❺ 选择"坐标轴",在"设置坐标轴格式"窗格中将"最小值"从"0"更改成"45",这样可以使通道效果更加清晰,如图15-67所示。

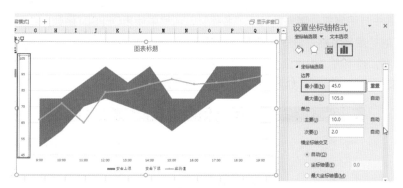

图15-67

❻ 最后将"安全上限"系列选中,把颜色设置为最终的"绿色",并选中"检测值"折线图系列,将散落在"安全通道"上方和下方的数据点单独选中,设置成"红色"标记,并用鼠标右键为其"添加数据标签";最后把图表标题更改成有意义的名字,最终的效果如图15-68所示。

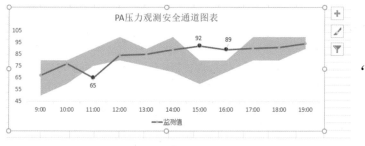

图15-68

15.9 利用OFFSET函数和图表制作动态图表

图表是数据分析的利器，通常都是得到数据结果后，生成图表，便于直观地查看结果数据的关系。也就是说，大多数情况下，结果数据都是固定的，数据可能会变，但是结果数据的区域是固定的。

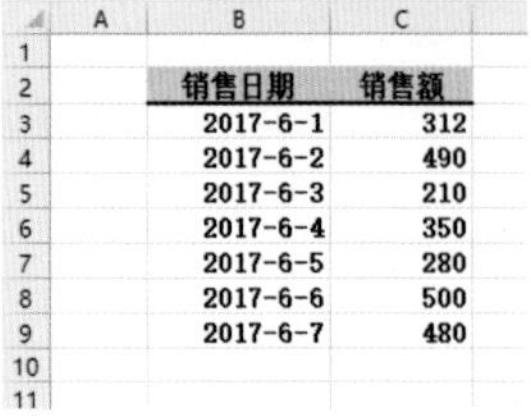

有时，也会碰到数据区域随时变化的情况。像图15-69所示的案例，每天的销售额数据都会在表单下方添加，如果要做一个跟踪图表，添加每天的数据后，希望图表也能自动添加数据，无须手动更改数据源，就需要使用OFFSET函数配合制作动态图表。

图15-69

操作如下。

❶ 在生成图表前，要先做两个"名称"，名称中使用OFFSET函数。选择"公式"工具栏中的"定义名称"命令，打开"新建名称"对话框，在"名称"栏中输入"销售日期"文字，在下方"引用位置"中输入公式"=OFFSET(Sheet1!$B$3,0,0,COUNT(Sheet1!$B$3:$B$100),1)"，如图15-70所示。

图15-70

✓ 函数说明

"=OFFSET(Sheet1!$B$3,0,0,COUNT(Sheet1!$B$3:$B$100),1)"是偏移量选区函数，函数以"B3"单元格（也就是第1个销售日期）为基准，不产生行和列的偏移，选择"COUNT(Sheet1!$B$3:$B$100)"行，选择1列。其中选择多少行用了"COUNT(Sheet1!$B$3:$B$100)"计数函数嵌套，也就是从B3:B100单元格中有多少个非空的数据就选择多少行。所以，就可以随着数据增长，自动让选区变化。

❷ 用同样的方法再建立第2个名称，名称以"销售额"命名，然后在"引用位置"中输入公式"=OFFSET(Sheet1!$C$3,0,0,COUNT(Sheet1!$C$3:$C$100),1)"，如图15-71所示。

图15-71

函数说明

"=OFFSET(Sheet1!$C$3,0,0,COUNT(Sheet1!$C$3:$C$100),1)"的作用是以第1个"销售额"C3为基准，向下有多少个数据就自动选择多少行。

❸ 两个动态选区"名称"建立完成后，下面就可生成图表了。不选择数据，把光标定位在任意空单元格中，然后选择"插入"→"簇状柱形图"，生成一个空图表，如图15-72所示。

图15-72

❹ 选择"图表工具-设计"工具栏中的"选择数据"命令，打开"选择数据源"对话框。当前对话框中还没有"系列"，单击"添加"按钮，如图15-73所示。

图15-73

❺ 打开"编辑数据系列"对话框，在"系列名称"框中应用数据表中"C2"单元格的"销售额"标题文字；然后把光标定位在下方的"系列值"框中，先用鼠标单击当前工作表的标签，然后输入"销售额"名称，如图15-74所示。

图15-74

❻ 单击"确定"按钮返回"选择数据源"对话框，系列添加完成，同时在图表中出现了当前这几天的"销售额"数据。然后单击对话框右侧"水平（分类）轴标签"下的"编辑"按钮，打开"轴标签"对话框，在"轴标签区域"中，同样先用鼠标单击当前工作表标签，然后输入"销售日期"名称，如图15-75所示。

图15-75

❼ 单击"确定"按钮返回"选择数据源"对话框，再单击"确定"按钮返回图表，图表下方的"水平分类轴"中以"销售日期"显示，如图15-76所示。

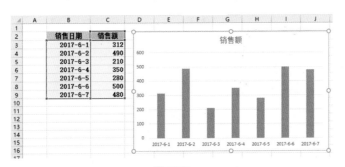

图15-76

❽ 至此，动态图表生成完成。由于"系列"和"分类轴标签"都是动态名称所创建的，所以数据和日期只要向下增加，图表便可自动增加系列，如图15-77所示。

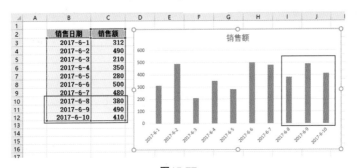

图15-77

15.10 自动生成最后5天数据的动态图表

做动态图表的关键是用好OFFSET函数和名称的配合。在实际工作中，常见的情况除了15.9节介绍的每天数据增长，图表系列也可自动增加外，还有一种情况，就是无论数据如何增加，只看最后几天的数据。

下面以无论多少数据，都只对最后5个数据生成图表为例，看看这种常见应用的操作。

❶ 打开数据表，然后选择"公式"工具栏中的"定义名称"命令，在"新建名称"对话框中建立"销售额"名称，名称"引用位置"中输入公式"=OFFSET(Sheet1!$C$3, COUNT(Sheet1!$C$3:$C$100)-1,0,-5,1)"，如图15-78所示。

图15-78

 函数说明

"=OFFSET(Sheet1!$C$3,COUNT(Sheet1!$C$3:$C$100)-1,0,-5,1)"以第1个销售额数值
"C3"为基准；向下偏移"COUNT(Sheet1!$C$3:$C$100)-1"行（也就是有多少个数据，就
向下偏移多少个数据减1行），这样就可以做到无论多少数据，都会偏移到最后一个数据；
不偏移列；选择"-5"行，也就是从下往上选择5行；选择当前1列。

❷ 用同样的方法再做一个"销售日期"的名称，这样就可做到无论有多少日期，都
会偏移到最后，然后往上选择最后的5个日期信息，如图15-79所示。

图15-79

❸ 两个名称建立好后，就把光标定位在空单元格，然后选择"插入"→"簇状柱形
图"生成一个空图表。选择"图表工具-设计"工具栏中的"选择数据"命令，打开"选
择数据源"对话框。

❹ 单击系列中的"添加"按钮，在"编辑数据系列"对话框的"系列名称"框中输
入"C2"，再把光标定在下方的"系列值"框中，先用鼠标单击当前工作表的标签，然

后输入"销售额"名称。单击"确定"后返回"选择数据源"对话框。

❺ 系列添加完成后，同时在图表中出现了最后5天的"销售额"数据。再单击对话框右侧"水平（分类）轴标签"下的"编辑"按钮，打开"轴标签"对话框，在"轴标签区域"中，同样先用鼠标单击当前工作表标签，然后输入"销售日期"名称，如图15-80所示。

 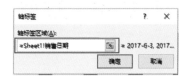

图15-80

❻ 单击"确定"按钮返回"选择数据源"对话框，再单击"确定"按钮返回图表。

❼ 至此，生成最后5天的动态图表。可以不断在表中下方添加新的"销售额"和"销售日期"数据，但是图表只会显示最后5天的数据系列，如图15-81所示。

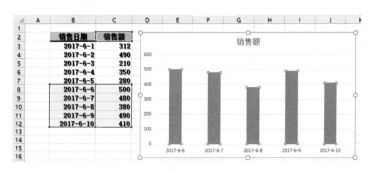

图15-81

在Excel中，图表应用可谓博大精深，从调整数据源到图表各个元素的修改，有太多需要学习的经验和技巧。本章挑选了一些有代表性的图表类型和图表效果，希望大家能沿着这些图表的制作套路继续前行，在实际工作中制作出更多实用的图表效果来应对各种情况的数据分析。

第16章
数据透视表分析

"天下武功，唯快不破"。Excel中的"数据透视表"最神奇的地方就是"快"，它能瞬间得到海量数据的分析结果。"数据透视表"功能在英文版的命令是Pivot Table，英文的直接翻译是"轴向旋转表"，从字面上不太好理解它的作用和功能。其实，数据透视表在中文中更能感受到它的作用，对数据透视就是对数据通透的分析。说得直白一些，就是对数据进行"分类汇总"和"分类统计"分析。

 要想做"数据透视表"分析，需要将基础数据表做成"字段"表，基础数据表的"标题"要满足3个条件：数据表标题不能合并单元格，数据表标题不能为空，数据表标题不要重名。当这3个要求满足后，才能够生成"数据透视表"，可根据自己的分析需要设置"分类"字段和"汇总"字段，无论数据量多大，都可在几秒内得到分析结果。

16.1 用数据透视表做一个维度分类汇总分析

数据透视表的作用就是"分类汇总"。大家注意，这里所说的"汇总"是广义的，不要只理解成求和，其实汇总还包括"平均汇总"和"计数汇总"等很多方面。

16.1.1 透视表求和汇总

在数据透视表中对数据做"求和汇总"是最基本的应用，也是最直接的方式。下面通过一个例子，让大家感受一下数据透视表的基本应用。

在如图16-1所示的案例中，是一个公司的"分销货明细"数据信息。现在要根据不同"地区"、"产品名称"和"业务员姓名"进行分类，得到"销货收入"和"数量"

的汇总结果。

　　这个问题就是典型的用"数据透视表"来解决的"分类汇总"问题，操作如下。

　　❶ 任意选择数据表中的数据，然后选择"插入"工具栏中的"数据透视表"命令，打开"创建数据透视表"对话框，整个数据区域的地址会自动出现在对话框的"表/区域"栏中，如图16-2所示。

　　❷ 无须在对话框中做任何设置，直接单击下方的"确定"按钮，便可在原始数据表旁生成一张新的"数据透视"工作表，在"数据透视"工作表中有一个空的透视表区域，在右侧"数据透视表字段"窗格中，上方有一个基础数据表的标题字段区，显示了所有基础数据表的字段标题，下方有4个空区域，分别是"筛选区"、"列"字段区、"行"字段区和"值"汇总区，如图16-3所示。

大成公司11月分销货明细					
业务员姓名	销售地区	产品名称	数量	单价	销货收入
孙大立	北京	CH-1	15	4000	60000
徐 娟	北京	PY-10	70	15000	1050000
钱跃	北京	PY-10	12	12200	146400
孙大立	广州	HP-200	80	12300	984000
孙大立	北京	NK-5	33	8800	290400
徐 娟	上海	PY-10	26	12200	317200
涂善凌	广州	PY-10	34	6900	234600
涂善凌	上海	NK-5	40	13000	520000
徐 娟	广州	NK-5	12	12200	146400
徐 娟	上海	NK-5	90	12300	1107000
钱跃	上海	DV-700	3	8800	26400
孙大立	上海	DV-700	16	12200	195200
孙大立	上海	HP-200	4	12500	50000
徐 娟	广州	DV-700	4	6700	26800
钱跃	北京	HP-200	12	7500	90000
徐 娟	北京	DV-700	9	14000	126000
涂善凌	广州	BTK-20	3	12000	36000

图16-1

图16-2

图16-3

　　❸ 下面来分析不同"销售地区"总的"销货收入"。也就是对"销售地区"分类，对"销货收入"汇总。在标题字段区中将"销售地区"字段直接用鼠标拖动至下方的"行"分类区，将"销货收入"字段直接用鼠标拖动至下方的"值"汇总区。拖动使用的字段前会自动添加一个钩。拖动的同时在数据透视表中出现了按照"销售地区"分类和"销货收入"汇总的结果，如图16-4所示。

图16-4

操作提示

在数据透视表中，将所需标题字段拖动至"行"分类区后，在行标题中该字段中的信息将自动只出现一次，形成分类效果；将标题字段拖动至"值"汇总区后，会自动将该字段中的数值信息求和汇总。

图16-5

数量"汇总。首先在标题字段区取消勾选刚才的"销售地区"和"销货收入"两个字段，然后将"业务员姓名"字段拖动至"行"分类区，将"数量"字段拖动至下方的"值"汇总区。透视表中立刻显示出"各人员"的销货"数量"汇总效果，如图16-6所示。

❹ 下面分析各"产品"的"销货收入"汇总，首先在标题字段区取消勾选刚才的"销售地区"，然后将"产品名称"字段拖动至"行"分类区。透视表中立刻显示出"各个产品"的"销货收入"汇总效果，如图16-5所示。

❺ 分析完成总的"销货收入"后，下面再分析各"业务员"的"销货

图16-6

看到这里，大家是否看到了操作规律和套路，就是对谁分类，就将谁拖至"行"分类区；对谁汇总，就将谁拖至"值"汇总区域。而且在分类汇总时，还可以拖动多个字段至"值"汇总区，同时显示出多个不同的汇总结果，在如图16-7所示的结果中，就是将"销售地区"分类，将"销货收入"和"数量"同时汇总的效果。

图16-7

16.1.2 透视表平均汇总

在汇总数据透视表时，除了求和汇总，还可以更改成"平均汇总"。下面通过一个案例来看看操作经验。

在图16-8所示的"人力资源信息表"中显示了公司不同部门的人员信息，现在要进行不同部门的平均工资分析。

❶ 选中数据表中的任意信息，利用"插入"→"数据透视表"命令生成"数据透视表"，把"姓名"字段拖至下方

	人力资源信息表						
部门	职务	姓名	性别	年龄	文化程度	工资	
财务部	经理	孙大立	男	35	本科	3000	
技术部	经理	李琳	男	33	硕士	3100	
财务部	会计	白俊	女	40	硕士	3500	
市场部	经理	徐娟	女	38	大专	3200	
技术部	工程师	陈培	女	25	大专	2500	
市场部	项目经理	王蓊	男	26	本科	3500	
财务部	出纳	蔡小琳	女	25	大专	2500	
技术部	工程师	王新力	男	29	博士	6000	
市场部	项目经理	江湖	男	30	大专	2000	
市场部	项目经理	高永	男	45	本科	3800	
技术部	工程师	颜红	女	33	博士	5800	
市场部	项目经理	安为军	男	39	本科	2300	
技术部	工程师	钱跃	女	34	本科	4500	
财务部	会计	林海	女	45	本科	3600	

图16-8

行标签	求和项:工资
财务部	12600
技术部	31400
市场部	29200
总计	73200

图16-9

"行"分类区，把"工资"字段拖动至下方"值"汇总区，在透视表中出现按照"部门"分类，并按照"工资"汇总的结果，如图16-9所示。

❷ 用鼠标右键单击任意汇总的"工资"数值，在弹出的快捷菜单中选择"值汇总依据"命令，在下拉列表中勾选"平均值"，如图16-10所示。

❸ 改成"平均值"后，透视表中的汇总字段自动变成了"平均值"汇总结果，如图16-11所示。

图16-10 　　　　　　　　　　　　　　　　图16-11

数据透视表就是根据自己的意愿任意改变"分类"字段和"汇总"字段。如果将"部门"分类字段更改成"职务"字段，就可以按"职务"分类查看平均工资；再将"职务"分类字段更改成"文化程度"字段，就可以按"文化程度"分类查看平均工资。

16.1.3 透视表计数汇总

在拖动字段至透视表的"值"汇总区时，如果是"数值"信息，会默认以"求和"方式汇总，如果将"文本"信息拖动至"值"汇总区，则会自动变成"计数"汇总方式。

有些人不理解将"文本"信息汇总的目的，其实还是很常用的。如图16-12所示的例子中，将"部门"进行"行"分类，将"姓名"字段拖动至"值"汇总区，就可以立刻统计出每个部门各有多少人。

图16-12

16.2 利用数据透视表做二维表汇总分析

在透视表下方的区域中，除"行"分类区外，还有一个"列"分类区，这两个区的作用是相同的，都是分类功能。在分析数据时，有时需要进行二维数据分析，那么便可以将"行"分类区和"列"分类区同时进行应用。

在图16-13所示的案例中，就是将"产品名称"作为"行"分类，将"销售地区"作为"列"分类，然后把"销货收入"拖动至"值"汇总区，进行二维表查看分析。

图16-13

在图16-14所示的案例中，将"部门"进行"行"分类，将"文化程度"作为"列"分类，然后把"工资"拖动至"值"汇总区，并更改成"平均值"汇总，同样是二维表分析。

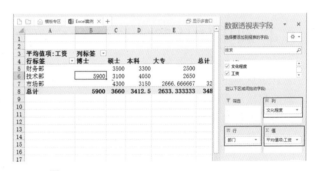

图16-14

16.3　利用数据透视表制作二级汇总分析

在应用数据透视表时，如果有两个分类需要查看，这两个分类如果没有关联性，可以做出16.2节介绍的那种二维表，但是这两个分类如果存在上下级关联，则建议使用二级分类做透视分析。存在上下关联的分类在实际工作中非常常见，如：产品和型号、部门和职务、部门和人员等。

在如图16-15所示的两个例子都应用了二级分类的效果。在图16-15左图的例子中，将"部门"字段放在"行"分类区上方，再将"文化程度"字段也放在"行"分类区，但是放在"部门"的下面，这样就形成了"部门"为一级分类、"文化程度"为二级分类的效果。然后把"工资"字段放在"值"汇总区，并更改成"平均值"汇总依据。图16-15右图的例子则是将"部门"作为一级分类，"职务"作为二级分类，同样使用"工资"作为汇总值的效果。

图16-15

在实际应用中，二维表和多级分类表可以同时应用，但要特别注意，分析数据的目的是方便看到结论，不要把透视做得过于复杂，反而干扰结论的得出。记住一句话，大道至简。

16.4 利用切片器进行汇总后的筛选

在透视表中有一个"筛选"区，把字段放在里面可以实现"筛选"的效果。但是这个筛选字段应用得较少，原因有两个：第一，"行"分类区或"列"分类区都有筛选功能，可以在分类后直接进行筛选，无须再放入"筛选"字段；第二，在透视表中有一个非常重要的"切片器"功能，它的作用就是筛选。

下面通过一个例子让大家了解这个"切片器"的筛选应用。

首先根据前面的案例，将"产品名称"进行"行"分类，将"销货收入"进行"值"汇总，如图16-16所示。

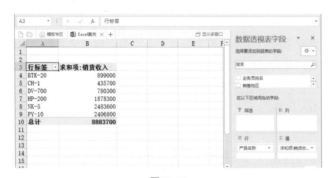

图16-16

然后单击"数据透视表工具–分析"工具栏中的"插入切片器"命令，调出"插入切片器"窗格，如图16-17所示。

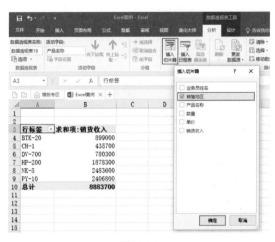

图16-17

在"插入切片器"窗格中罗列出了所有的表格标题字段，选择"销售地区"为筛选项，此时在"切片器"窗格出现了"销售地区"信息中所有的内容，如图16-18所示。

先用鼠标单击"北京"地区将其选中，然后按住Ctrl键的同时单击"上海"地区，这样就可实现同时筛选多个字段。这样，在透视表中只显示出了"北京"和"上海"两个地区的分类汇总结果，如图16-19所示。

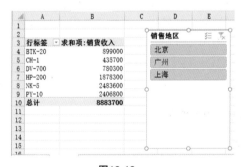

图16-18

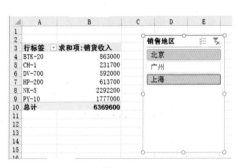

图16-19

切片器的作用就是筛选，在数据信息量大、分类较多的透视分析中应用非常广泛。而且可以同时应用多个字段的切片器。当查看完成，需要还原时，可直接按Delete键将其删除。

16.5 对日期分组进行环比或同比汇总分析

日期信息是Excel数据中重要的数据内容，通常都是以年月日的方式填写和存储。如果把日期信息设置成数据透视表的分类字段，默认会以"日"进行分类。如图16-20所示的案例是各地区每天的销售订单表。在透视中用"日期"做分类，汇总"销量"。

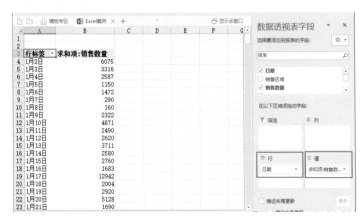

图16-20

可以看到，对日期进行分类时，是按照数据源中的"日"进行分类。在分析数据时，可以根据需要将"日"分类更改成按"月"、"季度"或者"年"分类。

以图16-20为例，希望将透视表中的"日"分类更改成"月"分类，操作如下。

❶ 用鼠标右键单击透视表"行"分类的日期，在弹出的快捷菜单中选择"创建组"命令，弹出"组合"对话框。在对话框下方的"步长"选项中，将"日"更改成"月"，如图16-21所示。

图16-21

❷ 单击"确定"按钮后，透视表的"行"分类立刻变成以"月"分类的效果，从而实现每个月的"销售数量"汇总，如图16-22所示。

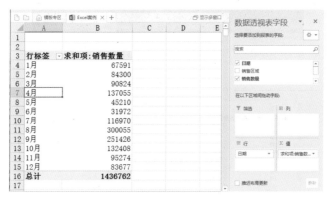

图16-22

❸ 在以"月"分类的基础上，如果再把"销售地区"作为"行"分类，放在"日期"的下面，则可以实现按照每个月不同地区来分析销售总量，也就是同一个月份不同地区的销售同比分析；如果把"销售地区"放在"日期"行分类的上面，则可以实现分析不同地区各个月的销售量环比，如图16-23所示。

图16-23

16.6　插入日期日程表

在高版本的Excel中做数据透视分析时，新增了一个"插入日程表"功能。该功能是专门供以"日期"分类时使用的，它可以把日期按照时段进行划分，然后查看筛选汇总的结果。

就以刚才的例子为例，看看如何使用"插入日程表"功能。

❶ 这个例子中，已经将日期按照"月"进行了组合，并把"销售地区"作为一级分

类。下面直接单击"数据透视表工具-分析"工具栏中的"插入日程表"命令，打开"插入日程表"窗口，如图16-24所示。

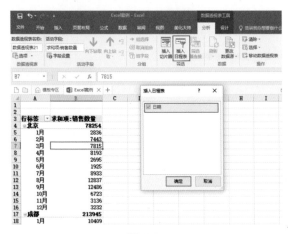

图16-24

❷ 在当前"插入日程表"窗口中，只有一个"日期"分类，单击"确定"按钮后，打开"日期"日程窗口。在"日期"日程窗口中显示了一个"日程时间轴"，如图16-25所示。

图16-25

❸ 用鼠标左键直接拖动的方式，在"日程时间轴"中选择要查看的连续"月份"。本例用鼠标左键在时间轴上拖动"1月"至"3月"后，在透视表中便只会显示前3个月的数据汇总结果，其他月份的数据不会再显示出来，如图16-26所示。

图16-26

若想还原所有的信息，用鼠标单击"日期"日程时间轴窗口右上角的"取消筛选"按钮即可。

16.7　设置数据透视表计算字段

数据透视表就是一个二维表单的框架，根据分析需要将"字段"分别拖动至"行"、"列"和"值"区域，放在"值"汇总区的数据可以自动进行汇总运算。一般情况下，不要再用公式或函数对生成的透视数据进行常规运算。如果需要运算，可以把透视结果在新表中"选择性粘贴"成"数值"，然后用函数公式做后续计算。

	A	B	C	D
1	订单记录表			
2	日期	地区	国内	国外
3	1月	广州	34	78
4	1月	广州	12	12
5	1月	杭州	12	12
6	1月	上海	15	54
7	2月	北京	69	78
8	2月	广州	60	30
9	2月	南昌	16	7.5
10	2月	杭州	60	4
11	3月	广州	66	55
12	4月	广州	15	54
13	4月	上海	15	54
14	4月	广州	69	78
15	10月	上海	60	4
16	10月	北京	60	4

图16-27

如果非要对数据透视表的结果直接进行运算，可以在数据透视表中添加"计算字段"来完成。下面通过一个案例来看看对数据透视表设置"计算字段"的方法。

如图16-27所示的例子是产品每个月不同地区在国内和国外的销售订单表。

现在的要求是计算出每个"地区"、"国内"和"国外"销售订单的差异。操作如下。

❶ 生成透视表，并把"地区"作为"行"分类，选择"数据透视表工具-分析"工具栏中的"计算字段"命令，如图16-28所示。

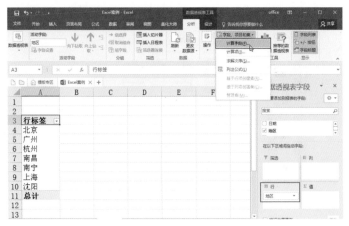

图16-28

图16-29

❷ 打开"插入计算字段"对话框，在"名称"中输入"国内外差异"文字，然后把光标定位在下方的"公式"栏中，用鼠标双击下方字段区中字段的方式来调取计算时要用的数据。本例是计算"国内"订单减去"国外"订单，所以用鼠标分别双击"国内"字段和"国外"字段，并有键盘输入减号"–"，最终完整的公式为："=国内–国外"，如图16–29所示。

❸ 单击"确定"按钮返回透视表，在"值"汇总区出现刚刚添加的"国内外差异"字段，自动将国内订单数据减去国外订单数据的结果显示出来，如图16–30所示。

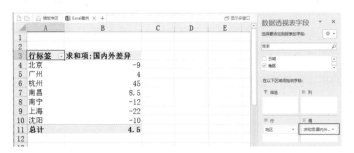

图16-30

❹ 最后把"国内"和"国外"字段拖动至"值"汇总区的上方，即可查看完整数据，如图16–31所示。

图16-31

至此，完成计算字段的设置，在结果中可以分析不同地区的"国内"订单总和、"国外"订单总和，还可以了解"国内"订单和"国外"订单的数量差异。

16.8 生成数据透视图表

在Excel中，生成数据透视表后，若透视结果的数据量不大，还可以将透视表做成透视图表对数据进行进一步分析。

透视图表的数据来自透视表结果，所以当数据透视表的结构重新组合后，透视图表便可自动随之调整。生成透视图表后的编辑和类型调整，则完全和普通图表操作一致，对图表的操作经验和套路可参见本书第15章的内容。

通过如图16-32所示的一个例子让大家了解从透视表的结果生成透视图表的操作。

图16-32

图16-32左侧是基础数据表（即管理人员信息），图16-32右侧是生成的"数据透视表"，分析了各"部门"平均"工资"的情况。

要想生成"数据透视图表"，可单击"数据透视表工具–分析"工具栏中的"数据透视图"按钮，打开"插入图表"对话框，选择所需的图表类型，如图16–33所示。

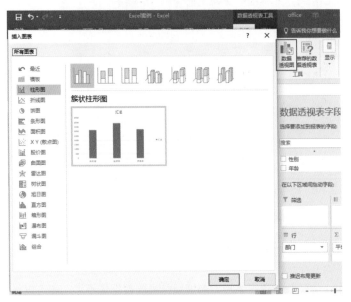

图16-33

单击"确定"按钮后，在当前透视表的旁边便会自动生成图表，同样是对各"部门"的平均"工资"进行汇总分析，如图16–34所示。

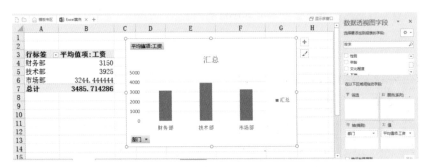

图16-34

当把透视表的"行"分类区更改成"文化程度"后，透视表的结果和透视图表同时会发生更新，结果如图16–35所示。

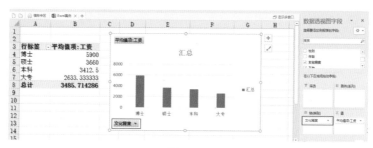

图16-35

若将数据透视表的分类做成二级分类，把"部门"做成一级，把"职务"做成二级，可以看到图表中也同样进行了二级分类，实现了二级分类图表的分析，如图16-36所示。

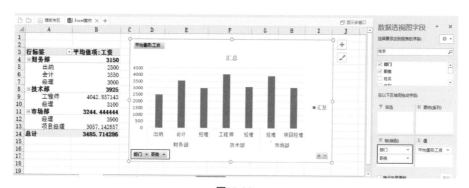

图16-36

这里要提醒大家的是，透视图表可根据透视表数据自动生成，但是数据量不宜过大，一旦透视数据量过大，图表不但无法发挥直观、形象的优势，还可能影响效果。

轻松注册成为博文视点社区用户（www.broadview.com.cn），您即可享受以下服务：

▶ **提交勘误**：您对书中内容的修改意见可在【提交勘误】处提交，若被采纳，将获赠博文视点社区积分（在您购买电子书时，积分可用来抵扣相应金额）。

▶ **与作者交流**：在页面下方【读者评论】处留下您的疑问或观点，与作者和其他读者一同学习交流。

页面入口：http://www.broadview.com.cn/31557